MANUEL PRATIQUE
D'APICULTURE

PAR

J. B. WEBER

(17ᵉ ÉDITION)

PARIS

R. GARIEL & Cⁱᵉ, ÉDITEURS

2ᵗᵉʳ, QUAI DE LA MÉGISSERIE, 2ᵗᵉʳ

ET DANS TOUTES LES LIBRAIRIES

—

1921

NOMENCLATURE

DE

QUELQUES BONS OUVRAGES

SUR L'APICULTURE

que l'on peut se procurer chez R. GARIEL et Cie.

MANUEL PRATIQUE
D'APICULTURE

PAR

J.-B. WEBER

(17e ÉDITION

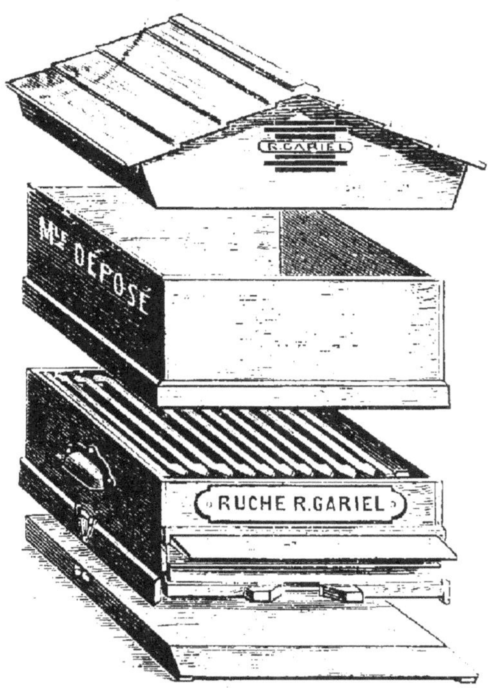

PARIS
R. GARIEL & Cie, ÉDITEURS
2bis, QUAI DE LA MÉGISSERIE, 2bis
ET DANS TOUTES LES LIBRAIRIES

1921

PRÉFACE

Le but de ces courtes notes est de mettre à la portée
de tous ceux qui veulent élever des abeilles des notions
simples et précises concernant cet élevage et un résumé
des travaux les plus importants à faire dans un rucher.

On comprendra qu'il ne saurait être question ici ni
de l'anatomie de l'abeille, ni des dispositions si curieuses
que prennent les plantes pour assurer la pollinisation
croisée de leurs fleurs. Ces sujets, pour être bien traités,
demanderaient plus de développement que n'en com-
porte le cadre de ce travail.

Nous nous sommes appliqué à rester dans le domaine
de la pratique usuelle et nous ne croyons pas avoir
avancé un fait, recommandé une méthode, qui ne soient
appuyés sur notre expérience propre ou confirmés par
celle de personnes entièrement dignes de foi.

Une des raisons qui nous ont fait écrire ce petit livre,
c'est la certitude que l'apiculture offre à une foule de
gens, dans toutes les conditions de fortune, non seulement une occupation salutaire en plein air, mais encore
la possibilité d'ajouter au menu de leur table, sans

frais pour ainsi dire, un dessert sain et agréable, qui constitue pour les enfants, les personnes délicates, les vieillards, un aliment de premier ordre, d'une digestion rapide et facile.

Au point de vue pécuniaire, l'apiculture donne au cultivateur, à l'artisan, à l'ouvrier, le moyen d'augmenter, dans une mesure sensible, le bien-être de leur famille. La culture des abeilles est, en effet, une des industries agricoles qui rendent le plus fort intérêt eu égard à la mise de fonds. Malheureusement, les pays sont rares où les bonnes récoltes de miel se succèdent d'année en année sans interruption. Il arrive même quelquefois que, par suite d'intempéries, la récolte du miel est réduite à néant ; mais ce sont là des risques comme en courent toutes les industries agricoles, dont la prospérité dépend essentiellement de la tournure que prennent les saisons.

Pour profiter d'une bonne miellée, point n'est besoin qu'un homme perde avec ses ruches le temps qu'il doit à d'autres travaux. En se levant une demi-heure plus tôt, certains jours au printemps et en été, l'ouvrier, même s'il va en journée, peut aisément soigner une douzaine de ruches, si pendant les longues soirées d'hiver il a pris soin de préparer à l'avance, ruches, hausses, cadres et sections, pour avoir, au moment voulu, tous ces accessoires prêts sous la main.

La culture des abeilles mérite encore à d'autres points de vue d'être encouragée. Ne crée-t-elle pas, pour ainsi dire de rien, un produit ayant une certaine valeur commerciale ? Sans les abeilles que deviendrait le miel que sécrètent les acacias, les tilleuls, les trèfles, les sainfoins et tant d'autres plantes ? Ce sont des richesses que nous pouvons, grâce à l'abeille, sauver d'une perte complète, certaine.

Loin de porter préjudice aux fleurs, l'abeille en venant chercher le nectar que la plante produit d'ailleurs à son intention, lui rend en échange un service et un service attendu. L'abeille, en visitant les fleurs à la recherche du miel, se couvre de pollen en frôlant les étamines placées dans ce but sur son passage. Elle porte ainsi ce pollen de fleur en fleur et la fécondation croisée d'un nombre incalculable de fleurs en est la conséquence obligée. Beaucoup de plantes seraient incapables de nouer leurs fleurs et de produire des fruits ou des graines sans l'intervention des insectes et surtout des abeilles, et cependant que de gens paraissent ignorer ce service d'une importance capitale rendu par l'abeille à notre agriculture !

C'est aussi en vue de l'immense bien qui, sous ce rapport, reste à faire, que cet ouvrage est publié. Puisse-t-il porter la bonne parole partout, pour que de tous côtés on se mette à élever des abeilles et à travailler au sauvetage des richesses qui, sans elles, se perdent encore, au moins partiellement, dans la plupart de nos campagnes.

J.-B. WEBER.

15 août 1889.

PRÉFACE DE LA 17ᵉ ÉDITION

Depuis l'époque où ce petit livre a paru, seize éditions successives en ont été publiées, ce qui semble indiquer que l'apiculture a sensiblement gagné en faveur dans ces derniers temps en France, ou tout au moins qu'elle y a recruté un bon nombre de nouveaux adeptes, ce dont on ne peut que se féliciter.

En remerciant nos lecteurs de leur bienveillance passée, nous aimons à espérer que cette nouvelle édition, soigneusement mise au point et complétée, aura le même succès qu'ont eu ses devancières.

J.-B. W.

17 août 1921.

MANUEL PRATIQUE
D'APICULTURE

LE RUCHER

1. — En apiculture, comme en bien d'autres choses, il est prudent d'aller lentement en besogne. La première recommandation que nous ferons au débutant sera donc de s'en tenir, pour commencer, à une ou deux bonnes colonies, afin d'acquérir par une pratique facile l'expérience dont il a besoin, et de n'augmenter ensuite le nombre de ses ruches que progressivement, afin d'être toujours sûr de pouvoir les soigner toutes convenablement.

2. — Il n'est guère de contrée, si pauvre qu'elle soit, qui ne puisse nourrir quelques ruches. Cependant, dans un même canton, les ressources mellifères peuvent différer beaucoup d'un endroit à l'autre, selon les espèces et le nombre des plantes qui y croissent naturellement ou qui y sont cultivées.

3. — Les principales **plantes mellifères**, dans les régions centrales de la France, sont les suivantes : acacia (robinia), arbres fruitiers, aster, bourrache, bruyère, colza, épine blanche, fenouil, fève, framboisier, giroflée, groseillier, hysope, lavande, luzerne, mélilot, menthe, moutarde, navette, réséda, sainfoin, sarrasin, sauge, thym, tilleul, trèfles, etc.

4. — Une des choses les plus importantes à savoir pour tout apiculteur, c'est **l'époque de la miellée**, c'est-à-dire de la floraison des principales plantes mellifères de sa contrée; car la première condition du succès est d'avoir des populations fortes *à l'époque où commencent à fleurir les plantes qui doivent produire le plus de miel*. Cette époque une fois bien connue, il est assez facile d'obtenir des populations nombreuses au moment voulu, en ayant recours au nourrissement lent et continu, quelques semaines à l'avance, comme il sera dit plus loin. *Voir § 109.)*

5. — **Le Rucher** doit être établi de préférence en un endroit abrité des vents violents ou froids, le plus loin possible des rues, des routes, des chemins fréquentés, des maisons habitées, des écuries, des étables. Dans le cas contraire, il sera nécessaire d'élever une séparation compacte entre ces endroits et les ruches. Cette séparation pourra être une haie vive, un ou deux rangs d'arbustes plantés serrés, une palissade, un treillage ou un grillage garni de plantes grimpantes. Ce qu'il faut, en un mot, c'est un rideau opaque ininterrompu quelconque, de deux mètres de haut, isolant les ruches et obligeant les abeilles à s'élever en l'air pour traverser les passages fréquentés.

6. — Avant toutes choses, on fera bien de se mettre au courant des arrêtés préfectoraux et municipaux concernant la distance à observer entre les ruches et les chemins, les maisons, etc., et de s'y conformer autant qu'on pourra. Ces dispositions varient souvent considérablement d'un département à l'autre.

7. — On établira le rucher le plus loin possible des grands arbres, parce que ceux-ci rendent trop difficile la capture des essaims qui s'y fixent. S'il peut être légèrement ombragé, cela vaut mieux. Dans ce but, on y peut planter des arbres de petite taille, des fuseaux d'arbres fruitiers, par exemple, qui conviennent d'ailleurs très bien pour recevoir les essaims.

8. — Le plus simple est de placer chaque ruche sur un socle isolé et de réunir les ruches par groupes de deux, trois ou quatre, en les espaçant d'au moins un 

Fig. 3. — Niveau d'eau.

mètre entre elles et en laissant un plus grand intervalle entre chaque groupe. Il faut placer ses ruches de façon à pouvoir aisément circuler derrière, avec, devant, un espace libre de trois ou quatre mètres de large qu'il vaudra mieux laisser inculte si on le peut, en le tenant propre, toutefois, mais où l'on pourra au besoin cultiver des plantes basses qu'on soignera de bonne heure le matin avant la sortie des abeilles.

9. — Les ruches doivent être éloignées de terre de 15 à 20 centimètres et placées sur un socle solide fait de briques ou de planches, bien de niveau de gauche à droite, mais légèrement incliné vers le devant, afin d'empêcher l'eau des pluies d'orage de pénétrer dans la ruche. Cette légère pente en avant facilitera aussi l'écoulement de l'eau de condensation de l'intérieur de la ruche, comme aussi le transport au dehors des abeilles mortes, des débris de cire, etc.

10. — Aux États-Unis, où la culture intensive des abeilles est très développée, les socles sont très bas, au point que la planche de vol touche presque la terre. Grâce à cette disposition, les abeilles qui manquent la planche de vol, balayées par le vent ou trop lourdement chargées, ne risquent pas de périr à la porte de leur maison, puisqu'elles peuvent gagner l'entrée de leur ruche de plain-pied. C'est un immense avantage dans les situations un peu exposées; par contre, cette disposition oblige l'apiculteur à faire une guerre sans trêve aux souris, et aussi aux crapauds qui, eux, viennent saisir les abeilles avec leur longue et fine langue jusque dans l'eau trée des ruches. On procure le même avantage aux abeilles, lorsque les ruches sont placées sur un socle, en reliant, à la fin de l'hiver, le tablier à la terre, à l'aide d'un pont formé d'une ardoise ou d'une planchette posée obliquement contre le tablier et qu'on cale à terre avec une pierre. On enlève ce pont dès que le beau temps est arrivé.

11. — Pour **l'orientation des ruches**, il n'y a pas de règle absolue. Elles peuvent regarder de n'importe quel côté, même vers le nord, si un bon mur ou une ligne d'arbres serrés les abrite suffisamment contre la bise. Cependant, quand on peut choisir, il vaut mieux tourner l'entrée vers l'est, le sud-est ou le sud, selon le climat et l'exposition. Il faut éviter de placer les ruches trop près d'un mur chauffé par le soleil. Il est bon aussi que devant les ruches il y ait un certain espace libre de grands arbres, pour que les abeilles venant de loin puissent progressivement incliner leur vol et ne soient pas obligées de se laisser choir d'un coup, au risque de tomber à terre, ce qui au printemps peut les exposer à y rester et à mourir de froid.

12. — Les ruches doivent être peintes et entretenues en bon état. Les meilleures nuances sont les claires, le gris perle, le rose, etc. Pour aider les jeunes abeilles à retrouver leur ruche, on recommande de peindre les planches de vol et le devant des ruches de couleurs différentes ; cela est surtout utile quand les ruches ne sont pas suffisamment espacées.

13. — Comme il est difficile de se rappeler sans se tromper les péripéties par lesquelles passent les colonies et que des données exactes à ce sujet sont très utiles dans la conduite d'un rucher, l'apiculteur a tout intérêt à **numéroter** ses ruches, si peu nombreuses qu'elles soient, et à noter au cours de la saison, sur un carnet, les renseignements importants concernant chacune de ses colonies.

LA RUCHE

14. — La seule ruche réellement pratique est la **ruche verticale**. Cette ruche a un plafond qui s'enlève et c'est par cette ouverture que se fait la manipulation des cadres ; le plancher peut être mobile également, ce qui facilite le nettoyage. Lorsque le genre de ruche en usage est d'une capacité convenable, le corps de ruche ou rez-de-chaussée suffit généralement pour la production du couvain et c'est ce rez-de-chaussée qu'on désigne souvent dans ce cas sous le nom de chambre à couvain et de nid à couvain.

15. — **Le toit.** Il est indispensable que le toit soit étanche, car l'humidité fait moisir les rayons et leur contenu. On rend le toit imperméable à la pluie pour longtemps en le recouvrant d'une feuille de carton bitumé.

16. — **Les parois** de la ruche seront de préférence doubles ; mais il suffit pour cela que les deux côtés sur lesquels portent les bouts des cadres soient doubles d'une façon permanente, les deux autres côtés le devenant par l'emploi de deux parois mobiles ou **planches de séparation** entre lesquelles on place les rayons. L'intervalle des parois est rempli à l'automne de papier froissé. Cet arrangement isole l'intérieur de la ruche et contribue à y maintenir une température plus uniforme.

17. — **L'entrée** de la ruche doit être aussi longue que la ruche ; en hauteur, elle devra être exactement de 9 millimètres pendant l'automne et l'hiver, sans dépasser cette dimension ; car, autrement, les souris, les papillons tête de mort, etc., y pourraient passer et ruineraient la ruche. Pendant les chaleurs de l'été on augmente la hauteur de l'entrée à l'aide de petites cales de 2 centimètres d'épaisseur qu'on place aux deux bouts de la planche de vol.

L'ouverture de l'entrée sera réglée à l'aide de deux barres de bois de 4 ou 5 centimètres d'épaisseur, qu'on rapproche l'une de l'autre lorsqu'on veut rétrécir l'entrée ou qu'on éloigne l'une de l'autre lorsqu'on veut donner plus d'air.

18. — **Les rayons** doivent être placés de préférence *perpendiculairement* à l'entrée. Cette disposition porte le nom de bâtisse froide; elle facilite la ventilation et a l'avantage de faire hiverner les abeilles sur un plus grand nombre de rayons, en mettant ainsi une plus grande quantité de provisions à leur portée immédiate.

19. — Quelques apiculteurs se servent de la bâtisse chaude, c'est-à-dire que dans leurs ruches les rayons sont parallèles à la paroi antérieure où se trouve l'entrée. Cette disposition n'a rien qui la recommande; les abeilles elles-mêmes, quand elles sont libres d'agir à leur guise, construisent, presque sans exception, leurs rayons perpendiculairement à la paroi antérieure, d'après le principe de la bâtisse froide.

20. — À l'approche de l'hiver les abeilles se pelotonnent en un groupe affectant approximativement la forme d'une boule, au-dessus de l'entrée. Si les rayons sont placés parallèlement à l'entrée, les abeilles se trouvent occuper un petit nombre de rayons ne contenant qu'une faible partie des provisions de la ruche. Il en est tout autrement lorsqu'elles hivernent sur de la bâtisse froide, car alors elles se trouvent réparties sur un plus grand nombre de rayons et il leur suffit de reculer sur les rayons qui les portent pour se mettre en contact avec leur réserve de nourriture, leur torpeur ne leur permettant pas de passer facilement d'un rayon à un autre. Aussi n'est-il pas rare de voir périr de faim pendant les hivers longs des populations placées sur des cadres parallèles à l'entrée, bien que les rayons du fond soient bondés de miel.

21. — Les rayons, pour être mobiles, doivent être contenus dans des cadres en bois. Ces cadres sont d'habitude munis d'un épaulement ou nez réglant la distance entre eux, ce qui est à la fois simple et commode. Cette distance entre les rayons a été pendant longtemps de 34 à 35 millimètres de centre à centre, mais dans ces derniers temps il s'est manifesté une tendance générale à augmenter cette distance jusqu'à 36 et même 37 millimètres, afin de faciliter la ventilation et de diminuer par ce moyen les risques de l'essaimage.

22. — Entre les cadres et les parois de la ruche il doit y avoir un passage d'abeilles, c'est-à-dire une distance de 6 millimètres environ; mais avec le jeu nécessaire pour le maniement des rayons, cette distance est en pratique de 6 à 8 millimètres. On ne saurait apporter trop de soins à observer cette distance, car lorsqu'elle est ou trop petite ou trop

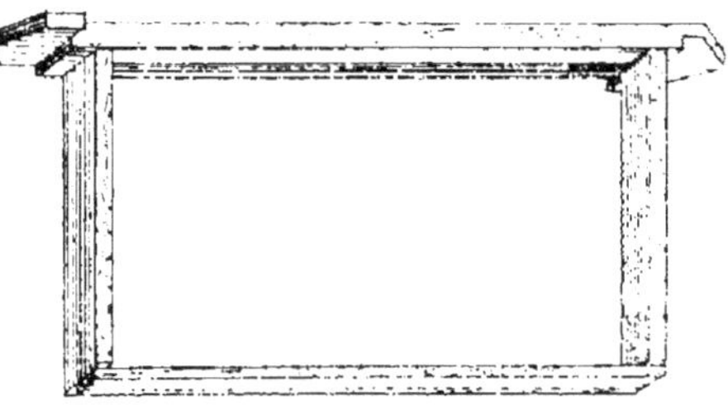

Fig. 4. — Cadre à arrêt et à épaulement.

grande, les abeilles remplissent ces interstices de propolis ou de miel, qui font adhérer les cadres aux parois, ce qui rend la manipulation fort difficile et occasionne un tirage, des secousses qui irritent les abeilles. Les cadres bien faits portent sous les oreilles un arrêt (fig. 4) réglant ce passage dans le haut entre le bout du rayon et la paroi; pour l'observer dans le bas, il est indispensable de placer, à 2 centimètres de l'extrémité du cadre, sur la face extérieure de chaque montant, un petit clou à tête d'homme qu'on laisse saillir de 5 millimètres. L'importance de ce clou est énorme, car il est le moyen le plus sûr d'éviter l'écrasement des abeilles en retirant les rayons de la ruche ou en les y replaçant. Son absence est la cause la plus fréquente des piqûres et contribue à rendre les abeilles vicieuses. Aucun cadre ne devrait en être dépourvu.

23. — Entre l'extrémité inférieure des cadres et le plancher de la ruche la distance devra être d'au moins 10 millimètres. Elle pourra être augmentée sans inconvénient et être portée à 2 et même à 3 centimètres lorsque, par exemple, on relève en été le devant de la ruche sur des cales pour faciliter la ventilation.

24. — **La forme et la grandeur des cadres.** Dans certains pays il existe un type national, uniforme, de cadre. Une telle mesure n'est cependant réellement pratique que lorsque le pays tout entier possède à peu près le même climat et des ressources mellifères sensiblement égales. La forme et la grandeur du cadre dépendent étroitement, en effet, des conditions climatériques et de l'abondance des miellées, conditions qui varient souvent considérablement d'une province à une autre. Le commençant n'a évidemment aucun intérêt à créer un type de cadre qui lui soit personnel, mais il aura à choisir parmi les formes les plus usitées celle qui répond le mieux aux circonstances dans lesquelles il se trouve placé. Les renseignements qu'il lui est souvent possible d'obtenir de ses voisins à ce sujet lui seront une indication précieuse pour asseoir sa décision sur des bases pratiques et solides. Mais une fois qu'il aura adopté une forme de cadre il devra s'en tenir à elle d'une façon absolue, car les diverses opérations à faire dans un rucher deviendraient extrêmement difficiles si elles devaient porter sur des cadres de formes différentes.

25. — Pour se faire une idée exacte de la question de savoir quelle est la meilleure forme à adopter pour les cadres, il faut se rappeler deux choses. La première, c'est que si nous cultivions les abeilles pour elles-mêmes, uniquement pour leur propre bien-être, ce serait sans contredit le cadre plus haut que large qu'il faudrait leur donner, car c'est celui qui leur convient le mieux sous tous les rapports, celui sur lequel elles passent le mieux l'hiver et celui, en somme, dont elles adoptent la forme quand elles sont libres de suivre leur instinct naturel. La seconde, c'est que le cadre plus haut que large retient les abeilles dans le rez-de-chaussée et les pousse à y accumuler leur récolte de miel, alors que l'apiculteur a intérêt à ce qu'elles la portent dans les hausses. Or le cadre bas, c'est-à-dire plus large que haut, a précisément pour effet d'obliger les abeilles à porter leur miel dans les hausses. Il s'agit donc pour l'apiculteur de trouver un moyen terme, c'est-à-dire un cadre qui soit assez haut pour que les abeilles puissent faire un bon hivernage et qui soit en même temps assez bas pour que le miel récolté aille en majeure partie dans les hausses.

26. — Quant à la grandeur des cadres, il y a également deux facteurs dont il faut tenir compte: l'abondance des miellées et la force que doivent avoir les colonies pour pouvoir exploiter convenablement les ressources locales. Dans nos régions tempérées, où les hivers rigoureux et longs sont l'exception et où les miellées sont assez abondantes, c'est un cadre moyennement bas, mais un peu grand, se rapprochant des dimensions 40 centimètres sur 25, qui pourrait être considéré comme le type idéal. Ailleurs, là où les ressources mellifères sont moindres, avec un climat plutôt doux, un cadre plus petit pourrait avoir de bonnes chances de donner satisfaction. C'est à l'apiculteur, en définitive, à faire son choix lui-même, en tenant compte des conditions locales; mais il est toujours préférable de prendre ses ruches un peu grandes, c'est-à-dire pouvant contenir un nombre de rayons un peu supérieur à celui strictement nécessaire, parce que d'une part il est toujours possible de réduire le nid à couvain à l'aide de séparations et que d'autre part les grandes ruches rendent possible un empaquetage beaucoup plus commode et plus efficace contre le froid que les petites ruches.

27. — Le corps de la ruche ne doit dépasser le niveau des cadres que de fort peu afin de ne pas gêner le manie-ment des rayons. Sur les parois du corps de ruche se place le toit, fait à emboîtement pour empêcher la pénétration de l'eau de pluie. L'emploi d'un châssis intermédiaire, formant exhaussement des parois extérieures entre le corps de ruche et le toit, est à recommander, comme facilitant l'empaquetage pour l'hiver.

28. — **La couverture.** — Sur les rayons de la ruche nous conseillons de placer une première couverture de toile. Sur cette toile on étale des carrés de vieux tapis, des morceaux de couvertures de laine ou de coton, des vieux sacs, etc. En été, il n'y a pas lieu d'augmenter la chaleur intérieure de la ruche par une couverture trop épaisse ; mais, dès que les nuits deviennent fraîches, il faut doubler la couverture afin d'empêcher toute déperdition de chaleur.

29. — Quelques apiculteurs se servent, pour l'hiver et le printemps, de toile cirée comme première couverture. La toile cirée n'a qu'un seul avantage, celui de procurer aux abeilles, par condensation, de l'eau dont elles ont grand besoin, il est vrai, au printemps ; mais cette eau est fréquemment souillée d'impuretés et cette couverture imperméable, hermétique, a le défaut de maintenir dans la ruche une atmosphère chargée d'humidité peu propice à la santé des abeilles et qui exige que l'entrée soit plus grandement ouverte. Lorsque la couverture est poreuse, comme nous la préférons, l'entrée n'a pas besoin d'être aussi grande ouverte pendant l'hiver, de 5 à 8 centimètres d'ouverture suffisent généralement quand les colonies ne sont pas exceptionnellement fortes. En réalité, si l'on prépare ses ruches pour l'hiver aussitôt après la révision des provisions en août-septembre, la couverture poreuse qu'on leur donne sera recouverte de propolis et par conséquent rendue imperméable, au degré qui convient aux abeilles, bien avant l'arrivée des froids.

30. — Les abeilles ont besoin de chaleur dans leur ruche, en été comme en hiver, mais cette chaleur ne doit jamais être assez forte pour amollir la cire des rayons. Dans cer-

taines contrées il est nécessaire de garantir les ruches contre
la trop grande ardeur du soleil en été: mais il paraît préférable dans tous les cas de les protéger, pendant les quelques
semaines de grande chaleur, à l'aide d'abris temporaires,
que de les placer d'une façon permanente à l'ombre de
grands arbres. Il est vrai qu'une vague de chaleur peut se
présenter partout: on voit alors les pauvres abeilles, acca-
blées, abandonner tout travail, se lasser au dehors, sur la
planche de vol, pour laisser un peu d'air pénétrer dans l'intérieur de la ruche. Dans ces cas on réduit la couverture à
sa plus simple expression, on improvise des abris de fortune
contre le soleil, mais ces mesures, si excellentes qu'elles
soient, n'ont pas toujours l'efficacité désirable si l'on
néglige la ventilation qui, elle, est parfaitement capable de
procurer aux abeilles l'appoint de soulagement dont elles
ont besoin.

31. — **La ventilation** a pour but primordial de renouveler l'air et de modérer la température intérieure de la
ruche, mais elle a aussi pour objet de soustraire par évapora-
tion au nectar nouvellement récolté l'excès d'eau qu'il contient. Dans ces dernières années la question de la ventilation a été beaucoup discutée et il semble qu'on soit tombé
d'accord sur deux points essentiels, à savoir que la ventilation, pour être inoffensive et efficace, doit se faire en un seul
sens, de bas en haut et avoir son point de départ à la hauteur du plancher, et secondement qu'elle doit être variable
à volonté, facile à accentuer et à modérer, selon les circonstances. Ces deux conditions sont réalisées par une entrée
pouvant être agrandie en hauteur à l'aide de cales et par
les règles mobiles qui par leur écartement, leur rapproche-
ment ou leur enlèvement, permettent d'augmenter ou de
diminuer en un instant l'ouverture de l'entrée.

INSTALLATION DES ABEILLES

32. — Achat des abeilles. — Une bonne époque pour faire l'acquisition des abeilles est le printemps. On peut alors acheter des essaims à bon compte, surtout si on les commande d'avance, pour être livrés aussitôt l'essaimage. En stipulant au vendeur qu'on préfère des essaims provenant de colonies ayant essaimé l'année précédente, on peut être sûr, si le vendeur se rend à votre désir, d'avoir des mères n'ayant pas plus d'un an. En commandant un essaim ou une mère, insistez non pas sur la couleur, mais sur la fécondité, la douceur, l'ardeur au travail, la rusticité, le peu de propension à l'essaimage et surtout l'absence de toute maladie. La couleur ne doit venir qu'en dernier lieu, à moins que l'on veuille avoir des abeilles de luxe qui doivent avant tout avoir belle apparence.

33. — Les abeilles arrivées, si vous ne pouvez vous occuper de suite de leur mise en ruche, vous placez l'essaim dans son emballage en un endroit tranquille et frais et vous mettez une éponge propre, mouillée d'eau pure, contre une partie du grillage pour que les abeilles puissent boire. Si les abeilles se pressent contre le grillage, paraissent agitées, prenez une planchette ou un carton et éventez-les jusqu'à ce qu'elles se soient calmées.

34. — Mieux vaut cependant procéder à l'emménagement le plus tôt possible, car les abeilles souffrent d'être enfermées, surtout s'il fait chaud. Si elles ont voyagé sur des rayons ayant exactement les dimensions du cadre adopté, rien ne sera plus facile que de les transférer de leur emballage dans la ruche qu'on leur destine : on ajoutera simplement à ces rayons quelques cadres supplémentaires avec fondation qu'on placera sur les côtés, et comme les abeilles seront très probablement à peu près démunies de provisions on les nourrira de suite, à moins qu'il n'y ait une abondante miellée ouverte à ce moment même. Pour les précautions à prendre, v. § 73 et 74.

35. — Si, au contraire, comme il est probable, l'essaim a voyagé dans une ruchette à petits rayons ou à rayons différant du cadre adopté, vous préparez votre ruche en y mettant cinq, six ou sept cadres avec fondation, selon la force de l'essaim. Ces cadres seront placés tout contre l'une des parois, de façon à laisser un espace vide dans la ruche, du côté où se place l'opérateur. Dans cet espace vide, on fera tomber tout à l'heure les abeilles qu'on brossera des rayons et de la ruchette. On ajoutera une séparation aux rayons et ceux-ci seront couverts d'une toile. Sous la séparation on placera un morceau de bois ou un petit caillou, pour la soulever d'un centimètre ou deux, afin que les abeilles puissent passer dessous et gagner les rayons. Ceci fait, on ouvre la ruchette, on en sort les rayons l'un après l'autre, on en brosse les abeilles dans l'espace vide de la ruche et l'on brossera de même les abeilles restées dans la ruchette. C'est après tout une opération très simple dont un novice s'acquittera sans peine, après avoir lu les paragraphes traitant des manipulations un peu plus loin.

36. — On couvrira chaudement, car pour l'étirage de la fondation la chaleur est nécessaire et on ne donnera qu'une petite ouverture à l'entrée. Lorsqu'on jette ainsi des abeilles imparfaitement gorgées sur des cadres avec fondation, on fait bien de les nourrir de suite et de continuer à les nourrir pendant deux ou trois jours, même s'il y a une assez bonne miellée en cours à ce moment, d'abord pour les retenir dans la ruche qu'on vient de leur donner et ensuite parce que l'étirage de la fondation les occupera en grand nombre à la maison. Le sirop à leur donner sera fait de deux parties d'eau et de trois parties de sucre.

37. — Si au cours de l'opération on n'a pas aperçu la

mère, on reviendra deux ou trois jours après examiner les rayons construits et si ceux-ci contiennent des œufs pondus avec régularité, ce sera une preuve certaine que la mère est présente, même alors qu'on n'aurait pas réussi à l'apercevoir.

DÉPLACEMENT DES RUCHES

38. — Lorsqu'il s'agit de changer une colonie de place, *à petite distance*, quelques précautions sont nécessaires, car dans ce cas, si le changement a lieu pendant la belle saison, il y a toujours à craindre que beaucoup d'abeilles, en revenant des champs lors de leur première sortie, ne retournent à la place que leur ruche occupait auparavant, ce qui arrive en partie par habitude, mais en partie aussi parce que les abeilles n'ont pas suffisamment marqué dans leur mémoire le nouvel emplacement de leur maison. Il faut donc, par un moyen quelconque, mettre leur attention en éveil et les forcer à remarquer le changement intervenu, ce à quoi on arrive le mieux en leur causant une grosse émotion aussitôt la ruche installée à sa nouvelle place et avant l'ouverture de l'entrée. Ce qui réussit le mieux, c'est de donner une série de six ou huit gros coups de poing, pas trop violents cependant, à la ruche. On complète le stratagème en plantant tout de suite après, avant de libérer les abeilles, une large planche devant l'entrée, pour que les abeilles ne puissent sortir sans être frappées par la présence de cet obstacle insolite et qu'elles soient induites de la sorte à marquer la nouvelle place et l'entourage de leur demeure. Mais le mieux est encore d'attendre, quand on le peut, une époque de l'année où les abeilles ne volent pas, pour faire le déplacement envisagé, à petite distance. Il devra, bien entendu, se faire le plus doucement possible et par excès de prudence on fermera l'entrée avec un chiffon mouillé pendant le trajet.

39. — Si la distance séparant le nouvel emplacement de l'ancien est au moins de deux kilomètres, on a moins de précautions à prendre, car les abeilles auront moins l'occasion d'être tentées de reprendre le chemin de leur ancien rucher. Mais, par contre, il est indispensable de bien assujettir la couverture, la bande métallique de l'entrée, le plancher et le toit, pour que rien ne puisse bouger en route. S'il y a des chocs à craindre en chemin, on clouera deux règles un peu fortes sur la couverture en toile, en travers du bout des rayons, pour immobiliser ceux-ci et l'on fixera cette couverture avec de la semence tout autour des quatre parois intérieures de la ruche, afin qu'aucune abeille ne puisse s'évader pendant le trajet. Quand il fait chaud, une bonne toile suffit comme couverture; par les grandes chaleurs elle peut même être remplacée avec avantage par une toile métallique, car il arrive fréquemment que les abeilles souffrent de la chaleur et du manque d'air en route.

40. — Il peut arriver aussi, c'est un cas assez fréquent, qu'on ait occasion d'acheter des abeilles en panier dans les environs, soit pour monter son rucher, soit pour l'agrandir. Dans ces circonstances, le mieux à faire, à notre avis, serait, en prenant les précautions nécessaires exposées aux §§ 73 et 74, d'avoir recours au transfert lent tel qu'il est expliqué un peu plus loin, au § 88.

LES ABEILLES

41. — Une ruche de bonne force doit contenir, lorsque commence la miellée principale, au moins 45.000 à 50.000 abeilles ouvrières. Dans les grandes ruches modernes les populations atteignent aisément 60.000 et même 70.000

abeilles. Il est en effet bien prouvé aujourd'hui que ce sont les colonies les plus populeuses qui donnent le plus fort rendement en miel.

42. — On appelle **couvain** l'ensemble des œufs, des larves et des nymphes, qui sont les formes premières de

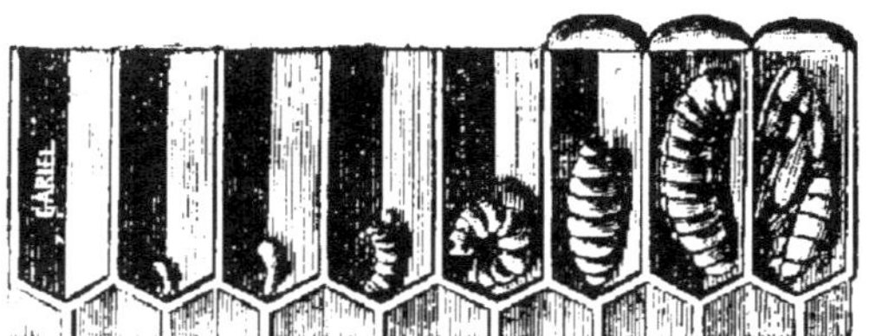

Fig. 3. — Couvain.

l'insecte avant de devenir abeille parfaite. Le couvain occupe les rayons, lesquels sont formés de deux rangées de cellules placées dos à dos et légèrement relevées vers leur ouverture.

43. — Les **cellules** d'ouvrières sont les plus petites de celles que contient une ruche. L'apiculteur doit tendre à n'avoir dans ses ruches que des rayons à peu près exclusivement formés de ces cellules, car c'est l'ouvrière seule qui exécute tous les travaux de la ruche, et c'est sur l'ouvrière seule que repose la défense de la colonie. Ces rayons ont une grande valeur et, bien soignés, peuvent durer de huit à dix ans ou même plus. Les cellules restent ouvertes tant qu'elles contiennent des œufs ou des larves, mais, lorsque celles-ci sont sur le point de se transformer en nymphes, les abeilles ferment les cellules d'un couvercle plat, appelé opercule, d'aspect rugueux et de couleur plus ou moins foncée.

44. — Les cellules de faux-bourdons sont plus grandes et plus saillantes que celles des ouvrières et se distinguent encore par un *couvercle fortement bombé*, le plus souvent de couleur claire.

45. — Les cellules de mères sont comparativement énormes, car elles sont grosses comme le petit doigt; elles pendent généralement en dehors du rayon, l'ouverture en bas. On les désigne plus spécialement sous le nom d'alvéoles.

46. — De ce qui précède il est facile de conclure que l'abeille ouvrière est plus petite et plus fluette que le faux-bourdon et que celui-ci est, sinon plus petit, du moins plus court et plus gros que la mère. Chez l'ouvrière, les ailes pliées couvrent à peu près toute la longueur de l'abdomen; chez le faux-bourdon elles dépassent même légèrement le corps, tandis que chez la mère, au contraire, les ailes sont sensiblement plus courtes que l'abdomen, lequel a plus de longueur que celui de l'ouvrière, est moins obtus et plus plus allongé en pointe. Chez la mère les ailes sont aussi, de chaque côté, plus étroitement repliées l'une sur l'autre que cela n'a lieu chez l'ouvrière et le faux-bourdon.

47. — L'ouvrière a une corbeille à pollen sur chacune des pattes postérieures et des glandes cérifères, au nombre de huit, sous les anneaux intermédiaires de l'abdomen, corbeilles et glandes que ne possèdent ni la mère ni le faux-bourdon. L'ouvrière seule jouit aussi du privilège de pouvoir ingurgiter du pollen et de le convertir, en mélange avec le miel et l'eau, en chyle, aliment complet, dont il sera souvent question dans l'élevage du couvain.

48. — Il faut environ 10.000 ouvrières non gorgées pour peser un kilo, et 22.000 ouvrières sont capables d'emporter en une fois, dans leur sac, un kilogramme de miel, d'où il ressort qu'une abeille jeune, vigoureuse, ayant des ailes en bon état, peut emporter à peu près la moitié de son poids de miel dans son sac.

49. — Les jeunes ouvrières venant d'éclore sont faciles à reconnaître au léger duvet blanchâtre dont elles sont couvertes et aussi à la lenteur maladroite de leurs mouvements. Les jeunes ouvrières nées dans une ruche normale, riche en butineuses, ne sortent pas les huit ou dix premiers jours, sauf pour une ou deux sorties hygiéniques par beau temps, deux ou trois jours après leur naissance, pendant lesquelles elles décrivent d'innombrables cercles autour de leur ruche, en faisant un bruit qui ressemble quelque peu à celui que fait un essaim en train de se former. Avec cette différence toutefois que la sortie hygiénique ne dure que peu de temps et que les abeilles qui y prennent part ne s'élèvent pas bien haut dans les airs, tandis que l'essaim s'élève toujours de plus en plus haut, s'étend autant en largeur et va en augmentant jusqu'au moment où il prend la clef des champs.

50. — Les jeunes ouvrières commencent par être nourricières, c'est-à-dire qu'elles s'occupent tout d'abord du couvain, le pourvoient de chyle, nettoient les cellules, vont recevoir à la porte le nectar rapporté par les butineuses. Au bout de quelques jours elles sont aptes à produire de la cire, elles se mettent alors à construire ou à allonger les cellules et à les operculer. Entre temps, s'il fait beau, elles se risquent dehors et commencent à butiner. En somme, ce n'est guère que trois ou quatre semaines après la ponte de l'œuf que l'abeille devient butineuse, renseignement précieux à retenir, pour stimuler en temps utile, si besoin en était, la production du couvain dans les colonies.

51. — Les ouvrières, si elles ne travaillaient pas, pourraient vivre cinq à six mois, sinon plus longtemps. C'est ainsi que la plupart de celles qui naissent à l'automne vivent jusqu'au printemps, tandis qu'en été, au moment de la miellée, alors que les abeilles butinent toute la journée et éventent la ruche la nuit, elles meurent usées bien souvent avant d'avoir fini leur deuxième mois.

52. — Le **faux-bourdon** est gros, lourd et fait beaucoup de bruit en volant ; ses pattes n'ont pas de corbeilles à pollen et il est dépourvu d'aiguillon : il ne peut donc se défendre en piquant, d'où son nom, car le vrai bourdon

pique fort bien et sa piqûre est même très douloureuse.
L'appareil buccal du faux-bourdon n'est pas fait pour lui
permettre de broyer et de consommer le pollen, complé-
ment indispensable du miel pour constituer une nourriture

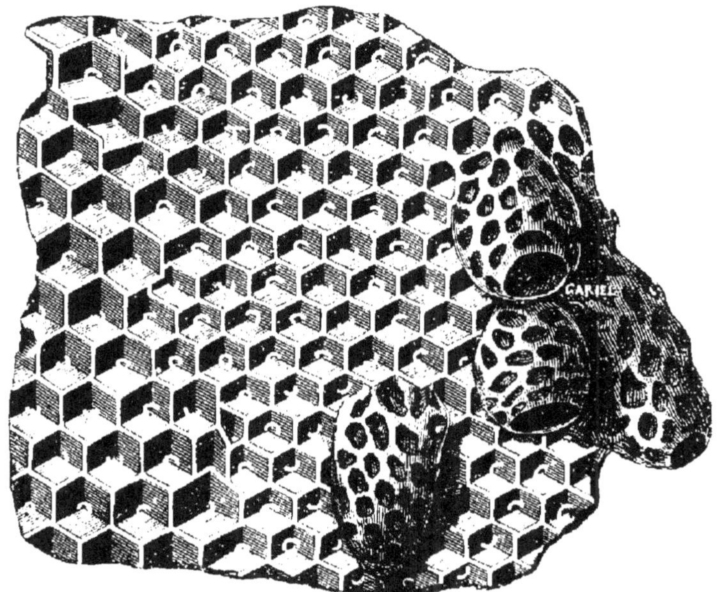

Fig. 6. — Rayon portant des cellules de faux-bourdon à gauche,
des cellules d'ouvrière au milieu et des alvéoles de mère à droite.

complète : il a besoin de quémander ce pollen auprès des
ouvrières qui le lui passent, quand elles y sont disposées,
sous forme de chyle, dans la composition duquel il entre
pour une bonne part. C'est un gros mangeur et un pares-
seux dont il ne faut tolérer les cellules qu'en petit nombre
dans les colonies ordinaires, juste assez pour contenter leur
instinct de conservation. Pour l'amélioration de la race, on
peut en laisser un plus grand nombre dans une ou deux des
meilleures colonies du rucher, dans celles dont les ouvrières
sont douces, travailleuses et bien marquées.

53. — Le faux-bourdon ne devient apte à remplir le rôle pour lequel il a été créé qu'au bout de douze à quinze jours après sa naissance. Il ne sort de la ruche que par beau temps, vers midi, pour aller faire sa tournée au soleil. La mère ne pond d'œufs de faux-bourdons qu'en vue de l'essaimage. La saison des essaims passée, les abeilles se débarrassent des faux-bourdons simplement en les privant de chyle. Cette gelée est en effet très riche en principes azotés qui manquent totalement au miel, et comme les faux-bourdons ne peuvent prendre d'eux-mêmes que ce dernier aliment, il s'en suit que d'être privés de chyle les affaiblit tellement et si rapidement qu'au bout d'un jour ou de deux les ouvrières peuvent les pousser dehors et les chasser de la planche de vol, les vouant ainsi à une fin rapide et misérable, sans qu'ils puissent opposer la moindre résistance. Seules les colonies orphelines les conservent passé le temps de l'essaimage.

Fig. 7. — Faux-bourdon.   Fig. 8. — Mère.   Fig. 9. — Ouvrière.

54.   La reine ou mère. — La reine, dans son jeune âge, n'est pas toujours facile à distinguer des ouvrières, si surtout elle est de race noire. Mais lorsqu'elle a commencé à pondre, et spécialement pendant la grande ponte, lorsque ses ovaires ont pris tout leur développement, elle est très sensiblement plus longue que l'ouvrière. Son abdomen, naturellement moins obtus, plus effilé que celui de l'ouvrière, dépasse alors notablement le bout des ailes. C'est à

ce signe qu'on la reconnaît le plus facilement (*voir aussi* § 92).
Elle n'a ni corbeilles à pollen sur les pattes, ni glandes
cérifères sur le ventre et son appareil buccal ne lui permet
pas de manger du pollen. Elle a un aiguillon très fort et
recourbé dont elle ne se sert que contre ses rivales. En
règle générale, il ne peut y avoir qu'une seule mère dans
une ruche. Elle n'en sort, après son vol nuptial, que pour
essaimer.

55. — La jeune mère prend son premier vol, le temps le
permettant, quatre à cinq jours après avoir quitté son
berceau ; elle en revient au bout de quelques minutes,
fécondée pour la vie et quelques jours après elle commence
à pondre. Elle peut vivre trois ou quatre ans ; elle pond, à
elle seule, les œufs dont doivent sortir toutes les autres
abeilles de la ruche, et la ponte peut atteindre jusqu'à 2.500
et même 3.000 œufs en vingt-quatre heures. C'est la seconde
année qu'elle est généralement la plus féconde.

Les figures 6, 7 et 8 montrent les formes très distinctes
de ces trois sortes d'abeilles.

56. — Les **œufs** quoique pondus par la même mère, le
même jour, peuvent ne pas être absolument identiques.
En quittant les ovaires, ils sont tous du sexe masculin,
mais la mère a le pouvoir de mettre chacun d'eux, pendant
son passage dans l'oviducte, en présence d'une parcelle du
fluide fécondant qu'elle a rapporté de son vol nuptial, ou
de lui refuser ce contact. Le premier sera fécondé et sera
devenu du sexe féminin, le second ne subira aucun changement, restera du sexe masculin et ne pourra produire
qu'un faux-bourdon. Les œufs fécondés donnent naissance
à des ouvrières, mais, lorsque les larves qui en sortent
reçoivent des soins spéciaux, elles peuvent, pendant les premiers jours, servir à produire des mères. Dans ce cas, la
jeune larve reçoit une nourriture spéciale de chyle, très
nutritive, très abondante, qui stimule au plus haut point le
développement général de l'insecte et surtout celui de ses

ovaires. Ceux-ci restent au contraire à l'état embryonnaire chez l'ouvrière.

57. — A l'époque de l'essaimage, la mère pond des œufs fécondés dans les cupules d'alvéoles, préparées spécialement par les abeilles, en vue de l'élevage des jeunes reines. En toute autre circonstance la mère se refuse, par jalousie sans doute, à pondre dans ces cupules et les abeilles sont obligées de choisir de jeunes larves nouvellement écloses dans des cellules d'ouvrières, pour en faire des reines. Ces cellules sont alors agrandies au détriment des cellules voisines et sont transformées en alvéoles.

58. — L'œuf fraîchement pondu occupe une position dressée, par rapport au fond de la cellule où il est attaché par le bout postérieur; il occupe donc une position parallèle aux parois de la cellule; il s'incline graduellement et au bout de trois jours, il touche la paroi médiane de toute sa longueur et donne alors naissance à la larve.

59. — La **larve** est nourrie, pendant les deux ou trois premiers jours, de chyle pur, gelée blanche, comme nacrée, préparée dans l'estomac des abeilles et plus ou moins riche en pollen à demi-digéré; mais cette gelée, après trois jours, n'est plus donnée pure qu'aux larves destinées à devenir des mères; pour les larves d'ouvrières et de faux-bourdons, les abeilles, au moment de la distribuer, la mélangent plus ou moins de pollen, de miel et d'eau.

60. — La larve d'ouvrière est nourrie à découvert pendant six jours, puis elle reçoit une provision finale de gelée et la cellule est operculée; douze jours après, l'abeille en sort parfaite, soit le vingt et unième jour après la ponte de l'œuf.

61. — La larve de faux-bourdon est nourrie à découvert pendant six à sept jours; elle reçoit alors sa provision de nourriture, la cellule est fermée et l'éclosion a lieu vingt-quatre ou vingt-cinq jours après la ponte de l'œuf.

62. — La larve de mère n'est nourrie que de gelée pure.

d'abord pendant cinq jours, à découvert ; puis elle reçoit une forte provision de cette même gelée, et la cellule est enfin fermée : l'éclosion a lieu le seizième jour après la ponte de l'œuf. Mais il arrive quelquefois que la jeune reine reste confinée pendant plusieurs jours dans sa cellule avant de pouvoir en sortir, lorsque, par exemple, le mauvais temps empêche le départ d'un essaim prêt à quitter la ruche ; les abeilles gardent alors la jeune reine prisonnière dans sa cellule pour éviter un duel à mort entre la jeune reine et la mère régnante.

63. — On remarquera que pour produire une mère il faut cinq jours *de moins* que pour une ouvrière et huit jours *de moins* que pour un faux-bourdon. C'est de toute évidence une exception voulue à la règle du développement des insectes, la durée de ce développement étant généralement en raison directe de la corpulence de chaque insecte, exception admirable de sagesse et de prévoyance, puisqu'elle permet aux abeilles, lorsqu'elles perdent leur unique mère, pivot indispensable de leur existence, de la remplacer en moins de temps qu'il n'en faut pour élever une simple ouvrière !

LA CIRE, LA PROPOLIS, LE POLLEN, L'EAU

64. — **La cire** n'est pas recoltée, mais produite par les abeilles elles-mêmes. Elle est une sécrétion facultative de leur corps et émerge en fines lamelles de huit pochettes logées sous les anneaux de l'abdomen. L'apiculteur a de multiples emplois pour la cire ; il est donc de son intérêt de n'en rien laisser perdre et de fondre en fin de saison ce qu'il a pu en ramasser. Nous donnons plus loin, au paragraphe 180, quelques détails à ce sujet. Nous aurons aussi à parler en temps et lieu (*voir* § 102) de la fondation, faite de cire et destinée à réduire autant que possible la production directe, extrêmement onéreuse, de la cire par les abeilles.

65. — **La propolis** est une matière résineuse que les abeilles vont chercher sur certains arbres, les peupliers et les marronniers entre autres, et qui leur sert à enduire, à vernir les parois de la ruche, le bois des cadres, les couvertures, et aussi à boucher les ouvertures inutiles. La propolis est quelque peu difficile à enlever des mains: on y arrive cependant assez vite en la frottant d'abord avec de la terre, puis avec un peu d'alcool ou d'essence minérale et en se lavant ensuite au savon et à l'eau tiède.

66. — **Le pollen** est un produit végétal, la poussière fécondante des fleurs, dont l'abeille se couvre dans ses visites en quête de nectar et qu'elle porte de corolle en corolle, opérant ainsi la fécondation croisée si profitable aux plantes. Il est probable que l'abeille ignore cette fonction capitale du pollen et qu'elle ne se doute même pas du rôle qu'elle joue dans sa distribution; mais il est certain qu'elle apprécie à sa juste valeur une autre qualité que possède le pollen, celle d'être comestible. Non seulement il est comestible, mais il est en même temps riche en principes azotés et en matières grasses et, coïncidence remarquable, ce sont là précisément les éléments qui manquent à peu près complètement au miel, lequel est en majeure partie composé de principes hydrocarbonés. De sorte qu'en associant le pollen au miel pour sa nourriture et celle de son couvain, l'abeille fait une opération que nos cultivateurs ont tant de peine à réaliser, celle de constituer un aliment complet si nécessaire à la formation de l'organisme et au maintien du corps en bonne santé.

67. — Pour couvrir leurs besoins, les abeilles font ample provision de pollen qu'elles répartissent inégalement dans leurs rayons; mais c'est toujours dans des cellules d'ouvrières qu'elles logent leur pollen, jamais dans des cellules de faux-bourdons. Elles ne les remplissent le plus souvent qu'à moi-

lié. couvrant le pollen d'une couche de miel pour le soustraire au contact de l'air humide de la ruche. A en juger
toutefois par l'ardeur qu'elles mettent à se risquer dehors.
par les mauvais temps du printemps. pour aller chercher du
pollen frais. sur les noisetiers, les saules. etc.. alors que leur
ruche contient encore de larges provisions de pollen de la
saison précédente, il paraît incontestable qu'elles doivent
grandement préférer le pollen frais au pollen conservé. sans
doute parce que plus tendre et plus facile à digérer.

68. — Il y a donc avantage à planter quelques noisetiers
aux environs du rucher pour que le trajet que les abeilles
ont à faire soit plus court. Mais si cette ressource est pour
le moment insuffisante ou manque totalement. l'apiculteur
épargnera à ses abeilles de longues et dangereuses sorties en
installant dès février. pour quelques semaines seulement. à
petite distance du rucher, à couvert et au soleil si possible.
une **crèche à pollen** artificiel. Cette crèche pourra se
composer d'une simple boîte peu profonde, sur le fond intérieur de laquelle on cloue quelques règles et dans les intervalles desquelles on répand de temps en temps un peu de
farine de blé. de seigle. de pois ou de fève. en la mélangeant
d'avoine pour que les abeilles ne s'y enfoncent pas. On peut
aussi. surtout si les souris sont à craindre. tamiser de la
farine dans deux rayons vides. bien secs. qu'on place ensuite
dans une ruche vide. installée au soleil près du rucher. Un
peu de miel étendu sur les bords des parois de la boîte ou
sur les abords de l'entrée de la ruche. attirera les abeilles à
cette crèche.

69. — **L'eau.** — Les abeilles ne font pas provision d'eau
dans leur ruche; elles paraissent d'ailleurs pouvoir s'en passer pendant l'hivernage, le miel en contenant sans doute
suffisamment pour leurs besoins: mais peut-être con-
somment-elles quelque peu de l'eau de condensation que
l'air chargé d'humidité dépose à l'intérieur de la ruche. Toujours est-il que l'abeille qui prépare de la bouillie. soit pour

sa propre sustentation quand elle se donne du mouvement, soit pour nourrir la mère et le couvain, a besoin d'eau pour mouiller le pollen qu'elle consomme et diluer le miel. Cette eau de condensation que l'abeille trouve dans la ruche, en quantité suffisante sans doute pour commencer, ne peut être d'ailleurs qu'un pis-aller, car elle est toujours plus ou moins polluée d'impuretés; il est donc préférable que l'abeille aille chercher de l'eau propre au dehors, ce que du reste elle se donne bien la peine de faire dès que le temps le lui permet.

70. — La corvée d'eau que chaque colonie institue dès que l'élevage du couvain prend un peu d'extension, en février déjà si le temps le permet, n'est pas exempte de dangers, surtout parce qu'elle est composée en majeure partie des abeilles les plus vieilles que contient la ruche. Beaucoup d'entre elles ne reviennent pas au logis, saisies intérieurement et extérieurement par le froid, jetées à terre par une rafale de vent, souvent à deux pas de leur maison. Quand il y a un petit ruisseau propre ou une fontaine suintante à peu de distance du rucher, le danger n'est pas très grand, le trajet étant court, mais lorsque ces ressources manquent dans les environs du rucher, il est du devoir de l'apiculteur d'y pourvoir, pour éviter à ses abeilles la corvée d'eau au loin. Il est facile d'ailleurs d'installer un abreuvoir d'une durée limitée.

71. — Avec une assiette, un carré de toile et un bocal quelconque à large goulot, on peut en quelques instants en faire un qui peut suffire pour les petits ruchers. On remplit le vase d'eau, on le recouvre de la toile, puis de l'assiette, et on renverse le tout pour le poser bien au soleil, sur une ou deux briques, un mur bas, etc., à une petite distance des ruches. On aura soin de renouveler l'eau chaque fois qu'il en sera besoin. Une grosse ficelle placée en croix en travers de l'orifice, entre la toile et le vase, facilite le suintement de l'eau; une addition d'**un peu de sel** (5 gr. par litre) à l'eau ne saurait nuire. Pour habituer les abeilles à venir à

cet abreuvoir, il suffira, au commencement, d'en enduire les
abords d'un peu de miel. Tant que les gelées sont à craindre, cet abreuvoir ne conviendrait pas, car la gelée pourrait
faire éclater le vase ; à cette époque, on mettra l'eau dans
un fond de tonneau, ou dans un récipient évasé quelconque,
et on y fera flotter des rondelles de bouchons.

MANIPULATIONS

72. — Lorsqu'on a besoin d'ouvrir une ruche, on ne
saurait trop recommander la douceur et la lenteur dans les
mouvements, comme s'il s'agissait de toucher au berceau
d'un enfant endormi qu'il ne faut réveiller à aucun prix. Il
faut du calme et de la décision, et, pour avoir plus d'assu-
rance et de liberté d'esprit, on fera bien de prendre pour
règle constante de ne jamais tenter une opération, quelle
qu'elle soit, sans avoir au
moins le visage protégé par
un voile.

73. — Ce **voile** est d'un
prix très modique, il se coud
sur un vieux chapeau de paille
qu'on réserve pour cet usage.
Les personnes chez qui les
piqûres occasionnent de la
douleur ou de l'enflure feront
bien de se garantir également
les mains. Il existe des doubles
gants de coton, qui ont l'avantage de pouvoir être lavés de

temps en temps et de ne pas donner trop chaud aux mains ;
mais il vaut mieux, en général, apprendre à se passer de
gants.

74. — Une excellente chose est de revêtir, pour faire les opérations dans le rucher, une blouse blanche fermant bien devant et au cou ; on attache le bout des manches aux poignets, ainsi que le bas du pantalon aux chevilles, et ainsi équipé, avec un bon soufflet allumé en main, une provision de combustible à sa portée, on est aisément à la hauteur des événements.

Fig. 11. — Soufflet Bingham

75. — La douleur occasionnée par la piqûre de l'abeille est causée par le venin injecté sous la peau par l'aiguillon. Ce dernier reste presque toujours dans la blessure. Le venin est composé principalement d'acide formique. Tout remède alcalin, comme le savon, est bon contre cette piqûre, et aussi l'alcool, l'eau de Cologne ; au besoin, un peu de terre mouillée, de salive, appliquée de suite et renouvelée, soulage la douleur. Mais le plus important c'est d'extraire le dard le plus vite possible et cela *en grattant* l'endroit avec l'ongle, et non pas en pressant, car de cette dernière manière on risque d'envoyer encore plus de venin dans la blessure.

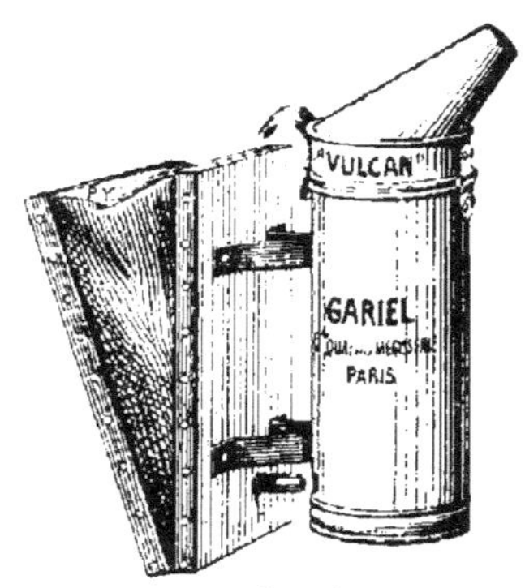
Fig. 12. — Enfumoir nouveau modèle, « Le Vulcan ».

76. — Un instrument de première nécessité dans la manipulation des abeilles, c'est un **soufflet-enfumoir**. Il est indispensable à tout apiculteur, n'eût-il qu'une seule ruche. On l'alimente de bois pourri tendre bien sec; celui provenant de saules têtards est un des meilleurs pour cet usage. Mais du papier d'emballage froissé, de vieilles couvertures en toile couvertes de propolis et coupées en petits morceaux qu'on roule en boule, peuvent servir, mais demandent à être mélangés avec du bois pourri ou quelques copeaux. Si on a soin de placer le soufflet la cheminée en haut, lorsqu'il ne sert pas, il est rare qu'il s'éteigne tant qu'il contient du combustible. L'outillage doit comprendre aussi un tournevis moyen, mais solide, pour détacher les rayons, une spatule de vitrier, large de 4 à 5 centimètres, pour enlever la propolis et quelques plumes d'oie ou de dinde pour brosser les abeilles des rayons.

77. — Une colonie douce de caractère et habituée à être dérangée souvent, n'a besoin que d'être prévenue, avec un peu de fumée lancée sous la couverture, pour se laisser examiner, même à fond. On peut alors sortir les rayons de la ruche, l'un après l'autre, sans que les abeilles s'en offusquent. Il faut cependant ne pas cesser un instant d'observer leur attitude, et être prêt à réprimer, dès son apparition, la moindre velléité de révolte. On ne doit jamais leur permettre de sortir des ruelles pour se répandre sur les barres des rayons et il faut aussi s'appliquer à n'en écraser aucune.

78. — Mais quand il s'agit de toucher à une colonie rarement visitée et d'humeur farouche, la seule chose à faire, pour commencer, c'est de la **mettre en bruissement.** Il faut remarquer à ce sujet qu'une population à court de provisions est toujours difficile à mettre en bruissement, puisque cet état résulte de l'absorption par l'abeille de tout le miel qu'elle peut loger dans son sac. Si donc on suppose avoir à faire à une colonie pauvre en miel, il faut de toute nécessité la nourrir généreusement quelques jours à l'avance.

79. — Pour mettre une ruche en bruissement, on soulève le coin de la couverture et on lance un léger flot de fumée dans les deux ou trois ruelles qu'on a découvertes. On fait la même opération sur un autre coin et on laisse les abeilles se gorger, ce qui demande deux ou trois minutes, quelquefois un peu plus longtemps. Quelques coups de poing frappés sur les parois sont souvent d'un grand secours pour effrayer les abeilles et les amener par ce moyen à se gorger. Il ne faut pas craindre d'augmenter leur frayeur moyennant quelques bonnes secousses, surtout quand il s'agit de réunions à faire, pour que celles qui auront changé de domicile ne manquent pas de marquer la nouvelle demeure qu'on leur donnera.

80. — Quand une colonie tarde à se mettre en bruissement, on parvient à l'y décider en désoperculant un peu de miel dans le haut de quelques rayons. On reconnaît que les abeilles sont en bruissement, lorsqu'elles font entendre un bourdonnement grave, uniforme et soutenu. On attend qu'il soit bien général avant de découvrir les cadres.

81. — Pour donner une idée des précautions qu'il convient de prendre pour la manipulation des abeilles, nous choisirons pour exemple **la visite à fond** d'une colonie. Si la colonie est douce et si nous pouvons éviter la mise en bruissement, nous ne toucherons pas à l'entrée, sinon pour la rétrécir un peu s'il n'y a pas de miellée, afin que les abeilles puissent mieux en défendre l'accès contre les pillards. Les couvertures enlevées, sauf la dernière, on se place sur le côté de la ruche, à gauche de l'entrée. On commence par soulever un coin de la couverture en toile, restée en place, et l'on envoie, d'un peu loin pour ne pas brûler les abeilles, un peu de fumée dans les deux ou trois ruelles dont on a découvert le bout. On répète cet envoi de fumée deux ou trois secondes après, puis on découvre la première ruelle dans toute sa longueur, en y envoyant de suite un peu de fumée. On introduit alors le bout du tourne-vis entre l'oreille de la séparation et celle du premier rayon et en tournant cet outil, comme pour visser, on détache la séparation de ce côté. On fait de même à l'autre bout, puis on écarte un peu plus la séparation et dans cette ruelle ainsi agrandie on envoie un peu de fumée. On finit par détacher la séparation en la ramenant vers soi et on la recule jusqu'à toucher la paroi. Si l'espace ainsi obtenu entre la séparation et le premier rayon n'a pas au moins 4 à 5 centimètres, on enlève la séparation complétement pour donner le jeu nécessaire, non sans en brosser les abeilles qu'on fait tomber dans la ruelle.

82. — On peut dès à présent juger de l'humeur des abeilles et décider s'il y a lieu de continuer à les tenir simplement en respect avec un peu de fumée ou s'il faut recourir à la mise en bruissement. Remarquons, à cette occasion, que la fumée, quand elle est abondante et pas âcre, est le moyen le plus commode et le plus puissant qui soit connu de dompter les abeilles, mais qu'il faut apprendre à s'en servir avec mesure et à-propos. Il est bon aussi d'avoir sous la main une couverture supplémentaire en toile, qu'on roule et qu'on pose sur la séparation qu'on a poussée au bout de la ruche, pour la dérouler sur les rayons, après examen, au fur et à mesure qu'on les écartera. On découvre ensuite la seconde ruelle, on y envoie un peu de fumée et l'on détache alors le premier rayon en procédant, s'il y a lieu, comme pour la séparation. On sort ce rayon de la ruche en évitant d'écraser les abeilles et après l'avoir examiné on le remet dans la ruche, en le ramenant vers soi contre la séparation et on le couvre. On continue ainsi à découvrir, à détacher et à examiner les rayons, l'un après l'autre, jusqu'au bout, toujours en tenant les abeilles en respect, en les empêchant de sortir des ruelles et en déroulant la couverture supplémentaire sur les rayons examinés. Le dernier rayon passé en revue, on le remet à la place même qu'il occupait avant et l'on ramène tous les autres rayons en arrière, les serrant les uns contre les autres, pour leur faire reprendre leur place : on couvre et l'on ferme.

83. — Il est très utile, en effet, que les rayons reprennent, après une opération, exactement la même place qu'ils occupaient auparavant et pour qu'il en soit ainsi, il est bon de connaître un petit tour de main qui empêche toute erreur à cet égard et dont nous allons donner la description. On prend le rayon par les deux oreilles ; on l'élève à la hauteur du visage et l'on examine le côté du rayon devant soi (première position). On baisse lentement la main droite (la main gauche restant fixe) jusqu'à ce qu'elle se trouve verticalement au-dessous de la main gauche : le rayon a pris ainsi la position d'une porte ou d'un volet (deuxième position). On fait tourner le rayon vers la droite, autour de la barre supérieure qui fait ainsi fonction de pivot, de manière à amener le second côté du rayon devant la figure (troisième position). Après avoir examiné ce côté du rayon on fait reprendre au rayon successivement la seconde position, puis la première et l'on remet le rayon dans la ruche, sans risque de se tromper puisque les mains n'ont pas bougé de place. Un court essai, fait avec un rayon vide, apprendra rapidement le secret de ce mouvement qui a pour but, en somme, de faire pivoter le rayon sans le faire sortir de la position verticale. Les rayons ont souvent un tel poids qu'en les tenant à plat on risquerait de les déformer.

RÉUNIONS

84. — Nous continuons la série des opérations qu'un apiculteur peut avoir à faire, mais sans nous attarder dorénavant aux détails dans lesquels nous avons cru devoir entrer plus haut. Nous supposons maintenant que nous ayons besoin de **réunir deux colonies** en une seule. Pour faire

une réunion il est de règle d'ajouter la population la plus
faible à la plus forte : celle-ci reste donc chez elle et c'est la
plus faible qui est déplacée. Nous désignerons, pour plus de
commodité, la colonie forte par A et la faible par B. On
commencera par s'assurer, par une visite préalable des deux
colonies, que la ruche occupée par A est assez grande pour
contenir la totalité des rayons à conserver, comprenant
dans tous les cas l'ensemble des rayons contenant du couvain. S'il en était autrement on passerait la population A
quelques jours à l'avance dans une ruche plus grande. A
l'occasion de cette visite préliminaire on fera bien de marquer sur la barre supérieure tous les rayons à garder, afin
d'éviter toute hésitation au dernier moment.

Le moment venu de faire la réunion, et il est préférable
de la faire de bonne heure le matin, on installe devant A
un pont en planches prolongeant la planche de vol, pour
que les abeilles qu'on aura à brosser devant cette ruche
puissent plus facilement gagner l'entrée. On apportera
aussi près de A une ruche vide ou une grande boîte dans
laquelle on garera, à l'abri des investigations des pillards,
les rayons à écarter, ainsi qu'une couverture en toile pour
couvrir ces rayons. On met alors les deux populations en
bruissement (voir § 78) et l'on porte la colonie B auprès de A.
Après avoir ouvert toute grande l'entrée de A, nous pren-
drons, avec les précautions nécessaires indiquées plus haut,
l'un après l'autre, tous les rayons de A qui sont à écarter
et nous en brosserons les abeilles sur le pont, le plus près
possible de l'entrée. Chacun de ces rayons, aussitôt débar-
rassé de ses abeilles, sera garé dans la ruche vide apportée
et sera couvert. Écartant ensuite dans A les rayons qui
doivent y rester, nous insérerons dans chaque intervalle un
rayon (avec ses abeilles) pris parmi ceux de B qui sont à
conserver. Chaque rayon sera, avant insertion, légèrement
enfumé et nous enfumerons de même la ruelle qui doit le
recevoir. Nous sandwicherons ainsi les rayons de B, avec

couvain, parmi le couvain de A, et nous procéderons de
même pour les rayons de miel que nous placerons sur les
flancs du couvain, toujours avec leurs abeilles.

85. — Les forces des deux parties en présence étant ainsi
coupées en tranches et mélangées d'un bout à l'autre de la
ruche, toute bataille est rendue impossible et de fait les
rangs sont vite confondus et la réunion se fait d'ordinaire
sans la moindre difficulté. Dès que tous les rayons à garder
sont réunis dans la ruche A, on serre les rayons les uns
contre les autres, on ajoute la séparation, on couvre et l'on
ferme. On prend alors pour finir, l'un après l'autre, les
derniers rayons restés dans B, on en brosse les abeilles sur
le pont devant A et on y fait tomber également, en les
brossant avec une plume d'oie, les abeilles restées sur les
parois de la ruche B. On plante devant la ruche A une large
planche, pour avertir les abeilles déplacées, lorsqu'elles sor-
tiront, qu'il y a quelque chose de changé, afin de leur faire
marquer leur nouvelle demeure. On remet la ruche B pour
deux ou trois jours à son ancienne place, pour recevoir les
étourdies qui en rentrant des champs retourneront machi-
nalement à leur ancienne maison. On y place deux ou trois
vieux rayons qu'on couvre et l'on vient vers le soir, pendant deux ou trois jours, prendre ces rayons pour en
brosser les abeilles devant A.

86. — Quant aux reines, dont nous n'avons rien dit
encore, un duel à mort aura eu lieu entre elles à la première rencontre et ce sera très probablement la plus jeune
ou la plus vigoureuse qui aura raison de l'autre; c'est
pourquoi nous pouvons très bien les laisser décider entre
elles laquelle des deux continuera à régner. Si cependant
l'une d'elles avait assez de valeur pour qu'on tînt à la conserver, on la rechercherait avant la mise en bruissement,
on la mettrait dans une cage (voir § 93) et l'on suspendrait
celle-ci entre deux rayons centraux de la ruche A. On
viendrait ensuite la libérer le lendemain, en remplaçant

l'un des bouchons de la cage par un tampon de brèche pleine de miel (voir § 161).

87. — Pendant toute cette opération, on tiendra les rayons de chaque ruche aussi peu découverts que possible, car les abeilles ne sont pas habituées à la lumière venant du haut : elles s'en effrayent, surtout parce qu'elles redoutent les attaques des pillards qui pourraient venir de ce côté, et cette crainte les rend susceptibles et de mauvaise humeur.

88. — Cette manière de faire les réunions est la méthode ancienne, classique, mais bien fastidieuse pour nos habitudes modernes, aussi est-elle bien souvent remplacée par une méthode qui demande sans doute un peu de temps dans son accomplissement, mais par contre beaucoup plus commode. La voici : la colonie B, la plus faible, est tout simplement placée, le plancher de la ruche enlevé, sur les rayons mis à nu de la colonie A, sur lesquels on a étendu une simple feuille de papier de journal, bien entière. Si les ruches, quoique du format adopté, ne sont pas superposables, on transvide au préalable les rayons de B dans une hausse à grands cadres et l'on pose celle-ci sur le papier recouvrant A. On ferme toute issue à B, dont les abeilles seront ainsi obligées de passer par A pour sortir, et s'il fait chaud on couvre légèrement et on ombrage. On emploiera très peu de fumée, de façon à laisser les colonies aussi calmes que possible. Les abeilles auront tôt fait de percer des trous dans le papier, des rapports, isolés tout d'abord, s'établiront, lentement, amicalement, sans bataille, mais il y en aura une sûrement entre les deux mères, laquelle sera courte et décisive, et deux jours après on pourra faire le triage des rayons, enlever ceux à écarter et réunir dans la ruche A ceux qui sont à conserver, ainsi que toutes les abeilles, en s'y prenant comme il est dit plus haut au paragraphe 84.

LE TRANSFERT

89. — C'est également de cette façon qu'on opère maintenant pour **transférer une colonie** d'un panier, d'une boîte ou d'une ruche de format inusité, dans une de nos ruches. Celle-ci sera préparée comme pour recevoir un essaim (*voir* § 125); le panier sera placé sur les cadres, sans papier, mais sur une toile portant en son milieu une ouverture de 15 à 20 centimètres de diamètre pour le passage des abeilles. On couvrira chaudement les parties des cadres non recouvertes par le panier, de façon à ne laisser aucune issue et à obliger les abeilles à passer toutes par le rez-de-chaussée pour sortir. La grande question dans ce cas c'est de sauver le couvain ; or, en laissant les deux ruches superposées pendant vingt-cinq ou trente jours, le couvain contenu dans la ruche supérieure aura tout le temps d'éclore, et comme la mère qui a survécu n'ira pas pondre dans l'étage supérieur si le rez-de-chaussée lui donne toute la place nécessaire, on pourra au bout de ce temps interposer une sortie sans retour entre les deux ruches. Deux jours après, la ruche supérieure sera vide d'abeilles et pourra être enlevée, après quoi on fera couler le miel qu'elle contient et l'on fondra la cire. On peut aussi laisser la ruche supérieure en place pour servir de hausse à miel ; à la fin de la récolte on la posera sur une sortie et on l'enlèvera le surlendemain avec le miel qu'elle contient.

90. — Anciennement, pour faire ces transferts, on délogeait tout d'abord les abeilles en les faisant passer par tapotement de leur ruche dans un panier vide, et de ce panier on les faisait passer ensuite dans la ruche définitive, lorsque celle-ci avait reçu les rayons après leur ajustement dans les nouveaux cadres. Puis on détachait les rayons et on les

coupait de grandeur pour les faire entrer dans les cadres
et l'on finissait de remplir ceux-ci avec des morceaux de
rayons qu'on maintenait dans les cadres à l'aide de clous
passés dans les montants ou de liens entourant les cadres.
Travail fastidieux et désagréable, car il restait toujours
quelques abeilles sur les rayons qui ne se gênaient pas pour
harceler l'opérateur. La méthode moderne est plus longue,
il est vrai, mais elle nous épargne tous ces ennuis et si nous
voulons utiliser les rayons, nous pouvons, à la fin de l'opération, les travailler, débarrassés de couvain et d'abeilles,
entièrement à notre aise et à loisir et non plus de suite et
le plus vite possible. Mais ce travail de rapiéçage des rayons
ne donne jamais un résultat bien satisfaisant et il vaut
mieux à notre avis, y renoncer complètement et vouer ces
rayons hétéroclites tout bonnement à la fonte.

LA RECHERCHE DE LA MÈRE

91. — Il ne nous reste plus, parmi les opérations spéciales, qu'à parler de **la recherche de la mère**, opération qui ne diffère guère de la visite dont il a été question au
paragraphe 81. Pour trouver facilement une mère, il est très
utile d'être un peu renseigné sur son origine et si possible
sur ses habitudes. Si elle est italienne pure, on n'aura
aucune peine à la trouver et à l'identifier, car les reines de
cette race sont généralement calmes, ne se cachent pas, sont
assez claires de couleur et assez grandes de taille pour ne
pas être aisément confondues avec une ouvrière. Si elle est
hybride, ces avantages s'amoindrissent en raison du degré
de domination du sang noir. Si elle est noire pure, elle sera
très probablement difficile à repérer et à identifier, car les
reines noires sont souvent timides, farouches, à peu près
aussi noires que les ouvrières et guère plus grandes quel-

quefois. S'il y a peu de couvain dans la ruche, c'est sur les rayons centraux, ceux contenant du couvain, qu'on aura le plus de chances de la rencontrer. Inutile dans ce cas de s'attarder à sortir les rayons latéraux : on ira de suite aux rayons centraux qu'on sortira l'un après l'autre et dont on examinera les deux côtés, un peu obliquement et en jetant tout d'abord un regard circulaire le long des bords, pour surprendre la reine dans ses tentatives de fuite.

92. — Déjà en sortant de la ruche le rayon que vous allez examiner, jetez vivement un coup d'œil sur le rayon suivant que la lumière vient d'atteindre : si la mère s'y trouve de votre côté et si elle est plus ou moins noire, elle cherchera à gagner le large en enjambant ses sujettes ; faites attention à la couleur des pattes, car la reine même noire a toujours les pattes plus rouges que les ouvrières. Ses pattes sont aussi plus grêles, puisqu'elles sont dépourvues de corbeilles à pollen. Mais ce qui la distingue surtout, spécialement lorsqu'elle est en pleine ponte, c'est la longueur de son abdomen qui doit dépasser sensiblement le bout des ailes et est toujours moins obtus, plus allongé en pointe que celui de l'ouvrière. Les ailes de la mère sont aussi plus étroitement repliées l'une sur l'autre, de chaque côté, que celles de l'ouvrière.

93. — Lorsqu'on a découvert la mère et qu'on l'a bien identifiée, s'il s'agit de la saisir et de la mettre en cage, la meilleure manière et la plus simple d'y arriver, c'est de la saisir au corselet avec une paire de pinces brucelles, douces et élastiques, en la serrant juste assez pour qu'elle ne puisse se dégager. On peut se faire la main à ce jeu en s'exerçant sur les faux-bourdons, matière corvéable à merci. On peut aussi se servir d'une cage en forme de couvercle de pipe qu'on pose sur la reine et les abeilles qui l'entourent et après avoir soufflé un peu de

Fig. 13. — Cage à mère, ordinaire, en forme de couvercle de pipe.

fumée sur l'endroit pour éloigner les abeilles voisines on glisse une carte de visite sous la cage enfermant ainsi avec la reine les quelques abeilles qui se trouvaient autour d'elle. On porte alors le tout, carte et cage, après avoir remis en ordre les rayons et avoir fermé la ruche, dans une pièce dont on ferme les fenêtres et l'on profite du moment où la reine se trouve au sommet de la cage pour laisser échapper les ouvrières. Si la reine arrivait à s'envoler, on n'aurait aucune peine à la reprendre contre le carreau et à la mettre dans une cage cylindrique (*voir* § 160).

SURVEILLANCE ET SOINS PENDANT L'HIVER
DANS L'ATTENTE DU PRINTEMPS

94. — Pendant l'hiver, les abeilles ont besoin d'un repos absolu; rien ne doit venir troubler leur quiétude. Il faut veiller à ce qu'aucune branche ne puisse sous l'action du vent venir frapper ou gratter contre les parois des ruches; ce bruit répété pendant des journées entières ne manquerait pas d'inquiéter, d'exciter les abeilles, car celles-ci ne dorment pas, elles ne sont qu'engourdies; la consommation augmenterait et un malaise prolongé, pouvant finir en maladie, en dysenterie notamment, pourrait en être la conséquence. Il arrive quelquefois dans les contrées boisées que les oiseaux, pressés par la faim, viennent frapper à la porte des ruches dans l'espoir de voir quelque abeille curieuse venir jusqu'à l'entrée où elle serait vite happée. Quelques coups de carabine à blanc suffisent généralement à tenir à distance ces hôtes indésirables. Il y a lieu d'éloigner aussi les chiens, les chats, la volaille, qui en venant frôler les ruches pourraient inquiéter les abeilles et déplacer les règles de l'entrée, agrandissant ainsi démesurément l'ouverture de la porte, au grand dommage des colonies.

95. — Pendant l'hiver on s'assurera le plus doucement possible que la pluie ne pénètre pas dans la ruche par quelque fissure, et on dégagera l'entrée des abeilles mortes qui pourraient l'obstruer.

96. — Dès que le temps se met à la neige, on place une grande tuile debout devant l'entrée, en l'inclinant vers la ruche, pour éviter que la neige ne vienne bloquer l'entrée et aussi pour empêcher les abeilles d'être tentées de sortir par la vive lumière reflétée par la neige.

97. — **A la fin de l'hiver,** dès que les abeilles commencent à voler, il est bon de placer devant les ruches un peu haut perchées quelques briques ou pierres sur lesquelles on pose en pente une ou deux ardoises ou planchettes, de façon à allonger la planche de vol. Grâce à cette précaution on évite une mort certaine à beaucoup d'abeilles revenant de corvée lourdement chargées, transies par la pluie, fouettées par le vent, et qui, sans cette planche de salut, seraient exposées à être jetées à terre et à périr à une époque où la vie d'une seule abeille est plus précieuse que celle d'une centaine en été.

PREMIERS TRAVAUX DE LA SAISON

98. — Au printemps, il ne faut pas être trop pressé d'agrandir l'entrée des ruches; tant que les nuits restent froides, il importe de laisser à l'entrée la même ouverture qu'en hiver et on ne l'agrandira que progressivement. On ne diminue pas non plus la couverture d'hiver, car les abeilles ont besoin de beaucoup de chaleur pour leur couvain. Ce n'est que lorsque les chaleurs sont venues et que les abeilles commencent à ventiler à la porte qu'on agrandit l'entrée et qu'on diminue la couverture.

99. — Dès que les abeilles commencent à sortir à peu

près tous les jours, on installe aux environs du rucher un abreuvoir (*voir § 71*) et une crèche à farine (*voir § 68*), si les circonstances le demandent.

100. — C'est à l'approche du printemps, et mieux encore en hiver, qu'il y a lieu de compléter son matériel et son outillage pour avoir l'un et l'autre tout prêts sous la main quand commencera la saison active.

101. — C'est aussi en hiver et au plus tard au printemps qu'on prépare les cadres et les sections en nombre suffisant pour subvenir aux besoins présumables de la saison. Cette préparation consiste pour les cadres à y fixer des fils de fer sur lesquels on attache une feuille de fondation ; pour les sections elle comprend le pliage et la fixation de la fondation.

102. — **La fondation** est une feuille de cire dans laquelle ont été imprimées des empreintes exactement semblables au fond des cellules, avec des bourrelets en hexagone figurant en relief la base des parois. C'est en somme une paroi médiane factice, très chargée de cire, qui évite

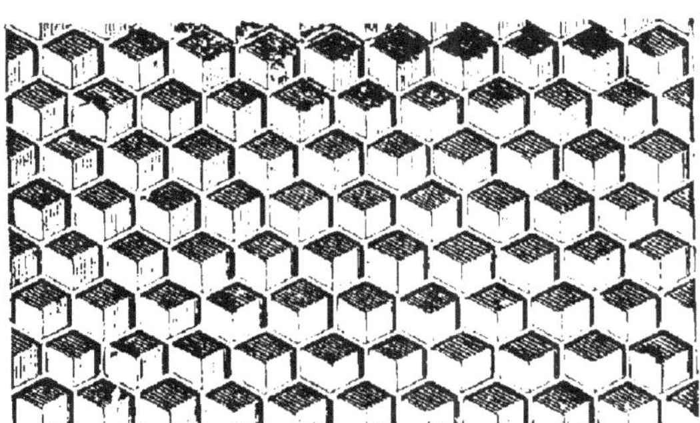

Fig. 14. — Fondation prête, en cire gaufrée.

aux abeilles la production d'une grande quantité de cire dans la construction des rayons. Il ne faut pas craindre de la prendre un peu forte pour les cadres et il n'est pas bien besoin non plus qu'elle soit d'une légèreté extrême pour les sections. Elle se conserve très bien d'une année à l'autre, bien enveloppée de papier et placée en un endroit sec. La fondation ne doit pas être employée n'importe comment dans les cadres, car elle a un sens qu'il est facile de reconnaître aux signes suivants : dans le dessin figuré dans la fondation les parois latérales des cellules ne doivent pas être brisées, mais droites et verticales et les trois lignes convergentes du fond de la cellule doivent avoir la forme d'un Y droit ou renversé; en fait, dans la fondation placée dans le bon sens, l'Y est droit d'un côté et renversé de l'autre.

103. -- Une des meilleures manières de **garnir les cadres de fils de fer** consiste à disposer ceux-ci sur quatre lignes parallèles, horizontales et à distances inégales, car le rayon a plus de poids à supporter dans le haut que dans le bas. On commence par percer dans chacun des deux montants, bien au milieu, quatre trous fins, le premier à 2 centimètres au-dessous de la barre supérieure; le second à 3 centimètres du premier; le troisième à 4 centimètres du second et enfin le quatrième à 5 centimètres du troisième. Sur l'un des montants, que nous désignerons par A, on fixera extérieurement, près du premier et du dernier trou, une petite semence, qu'on enfoncera aux trois quarts, et qui servira à arrêter les deux bouts du fil de fer. Celui-ci, coupé d'avance de longueur après mesurage, est passé d'abord dans le deuxième trou de A, puis dans le deuxième trou de l'autre montant que nous appellerons B, puis dans le premier trou du même montant et enfin dans le premier trou de A. Après quoi on tourne le bout du fil de fer deux ou trois fois autour de la semence placée tout près de ce trou et on enfonce la semence à fond d'un coup de marteau. On prend alors l'autre bout du fil de fer et on le passe dans le troisième trou de A, puis dans le troisième trou de B, dans le quatrième de B et enfin dans le quatrième trou de A. Reprenant alors chaque ligne de fil de fer l'une après l'autre, on les tend toutes et l'on tourne

le bout du fil autour de la seconde semence qu'on enfonce
également à fond. On vérifie ensuite l'aplomb du cadre en
le plaçant renversé sur la barre supérieure; on le regarde
de face et de côté et on le redresse pour le mettre bien
d'équerre dans les deux sens. On procède alors à la fixation
de la fondation.

104. — La fondation est coupée d'avance à la roulette et
en se servant d'un gabarit en carton, pour l'avoir exactement de la grandeur voulue. Pour fixer la fondation vite et
bien dans le cadre il faut se ser-
vir **d'un socle.** Celui-ci consiste en une planchette, un peu
plus grande que le cadre, sur
l'une des faces de laquelle, et
au milieu, on fixe une autre

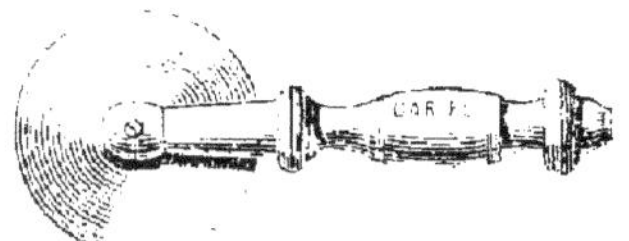

FIG. 13. — Roulette pour de ... pour
la fondation.

planchette légèrement moins grande que l'intérieur du
cadre et épaisse de 10 ou 11 millimètres. On creuse le
support (la première planchette) à l'endroit voulu pour
loger le nez du cadre pour que celui-ci, quand il est placé
sur le socle, s'applique bien partout sur le support.

105. — Mettant maintenant un cadre sur le socle, nous
plaçons sur les fils de fer une feuille de fondation en ayant
soin de lui faire toucher la barre supérieure dans toute sa
longueur, puis on passe un pinceau, chargé de cire fondue
au bain-marie, tout le long de la ligne où la fondation touche
le bois, pour que la cire laissée en route par le pinceau
fasse la soudure entre la fondation et le bois. Il faut pour
cela que le pinceau appuie un peu plus sur le bois que sur
la fondation et ne fasse que toucher celle-ci. Il faut aussi
que le pinceau passe avec une certaine vitesse et cette
vitesse dépend à la fois de la température de la cire et de
la grosseur du pinceau. Un ou deux essais feront vite voir
quelle doit être cette vitesse pour ne pas fondre et percer
la fondation et pour que le pinceau laisse assez de cire en
route pour fixer solidement la fondation au bois. La sou-

dure faite d'un côté on renouvelle l'opération de l'autre
côté, puis on s'occupe de noyer dans la fondation le fil de
fer maintenant placé sur la fondation.

106. — Pour noyer le fil de fer dans la fondation, il faut
que le cadre soit placé sur le socle de manière que la fon-

Fig. 16. — Éperon Woiblet.

dation touche celui-ci et que le fil de fer soit par dessus. Ce
travail se fait avec un éperon Woiblet chauffé sur une
petite lampe, ou avec un autre instrument analogue. Cet
outil chevauche le fil de fer, le réchauffe au contact et une
légère pression l'enfonce dans la fondation d'autant plus
aisément que l'instrument est plus chaud. Il ne faut cependant pas que ce dernier soit trop chaud et il ne suffit pas
non plus que le fil de fer adhère seulement à la fondation :
il faut qu'il y soit noyé au point d'en occuper le centre. Il
vaut mieux en somme chauffer l'outil modérément pour
pouvoir le faire avancer plus lentement et être ainsi plus
sûr qu'il ne sautera pas du fil, car dans ce cas un trou dans
la fondation en serait la conséquence inévitable. Le cadre
est maintenant prêt à servir : on l'enveloppe de papier et
on le met de côté jusqu'au moment de l'emploi.

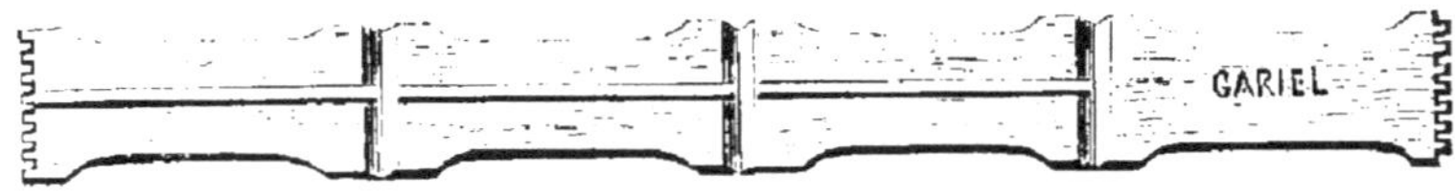

Fig. 17. — Section à plat.

107. — **Les sections.** Pour pouvoir plier les sections
sans risquer de les casser, il faut au préalable mouiller les
sillons transversaux où doit se faire le pliage. Ce travail se

fait rapidement et proprement de la façon suivante. On place trois ou quatre sections, l'une à côté de l'autre, sur une table, les sillons de pliage en dessous, puis avec la pointe d'une éponge imbibée d'eau on mouille, à trois reprises successives, toute la rangée d'un seul coup, sur 2 centimètres environ de largeur, exactement aux trois endroits où se trouvent les sillons. On empile ensuite les sections l'une sur l'autre,

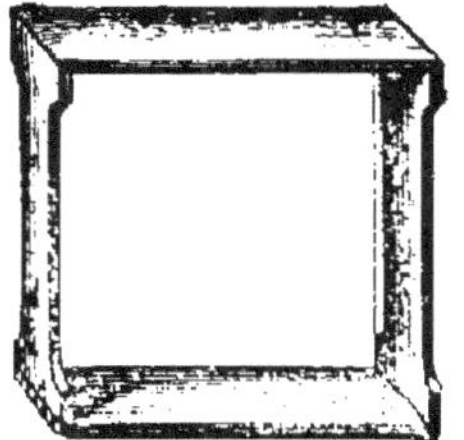

Fig. 18. — Section pliée.

tre, pour qu'elles sèchent moins vite, et l'on recommence jusqu'à ce qu'on ait mouillé un nombre suffisant de sections pour remplir une hausse. On plie alors les sections, en commençant par celles mouillées en premier lieu, en procédant avec douceur et en enfonçant les dents de la jointure à à petits coups de maillet ou de marteau. On place les sections dans une hausse, sans séparateurs, pour les laisser sécher bien d'équerre jusqu'au lendemain.

108. — Pour fixer la fondation dans la section on se sert d'un socle préparé comme celui dont nous avons parlé plus haut (§ 104), mais la seconde planchette sera un peu

Fig. 19. — Bloc pupitre.

plus épaisse, pour que la fondation placée sur le bloc occupe exactement le centre de la section. La fixation de la fondation sur le bois se fait de la même façon que pour le cadre, mais avec un peu plus de précautions, car la fondation pour sections est plus mince que celle pour cadres et partant plus facile à fondre. Ici comme pour le cadre, il y a tout intérêt à employer des feuilles de fondation remplissant à peu près complètement la section; mais on peut très bien se contenter d'une bande de 4 à 5 centimètres de largeur. — Une recommandation à faire, c'est d'attacher la fondation à l'un des côtés touchant

la jointure dentelée, parce que de cette façon le cadre de la
section résiste mieux, sans s'ouvrir, à la pression qu'on est
souvent obligé d'exercer pour sortir les sections pleines des
hausses. — Les sections, maintenant prêtes à servir, sont
placées dans les hausses, chaque rangée séparée de sa voi-

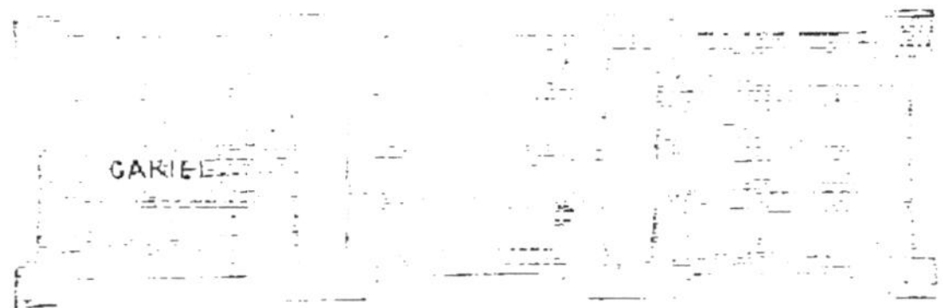

Fig. 26. — Séparateur de sections.

sine par un **séparateur**: les hausses sont ensuite enve-
loppées de papier en attendant la récolte et placées de manière à ce que la fondation pende verticalement de son
point d'attache.

LE NOURRISSEMENT LENT

109. — Nourrissement lent. — Il est très important
que l'apiculteur sache à quelle date fleurissent, en saison
normale, les plantes qui dans sa région produisent la principale récolte de miel, car pour pouvoir exploiter convenablement cette miellée il faut que ses ruches soient pleines
d'abeilles adultes au moment précis où elle va commencer.
Les colonies bien actives, qui donnent généralement de
bons rendements, n'ont guère besoin d'être stimulées pour
arriver à ce résultat: il suffit pour cela qu'elles soient
encore largement pourvues de provisions quand arrive le
printemps. Mais il y a aussi des colonies indolentes, tempo-
risatrices, qui ont de la peine à pousser la production du
couvain en temps utile et ce sont celles-là qu'il faut stimu-

ler en les nourrissant lentement pendant les huit ou neuf semaines qui précèdent la date probable de la miellée principale.

110. — Quand une colonie n'a besoin que d'être légèrement stimulée et pour peu de temps, on peut se contenter de désoperculer tous les cinq ou six jours environ un demi-décimètre carré de miel operculé, dans le haut des rayons, en commençant par les rayons centraux. Pas n'est besoin pour cela de sortir les rayons de la ruche, si le temps n'est pas propice, il suffit dans ce cas de chasser les abeilles avec un peu de fumée pour pouvoir glisser le couteau sous les opercules. On peut même se contenter d'écraser les opercules avec le plat d'une lame de couteau, ce qui a toujours pour effet de faire vider par les abeilles les cellules ainsi endommagées.

111. — Mais lorsqu'une colonie a besoin d'être énergiquement encouragée dans la production du couvain, soit parce qu'elle est paresseuse, soit parce qu'elle est pauvre en provisions, il faut lui donner un nourrisseur et la nourrir lentement, mais sans désemparer. Le nourrissement se fait soit avec du miel auquel on ajoute de 20 à 25 0/0 d'eau chaude à 55-60 degrés centigrades, soit avec du sirop préparé avec deux parties d'eau et trois parties de sucre, et l'on a soin de couvrir chaudement. Il existe dans le commerce des nourrisseurs spéciaux qu'on place sur une ouverture pratiquée dans la couverture de toile, ouverture carrée découpée sur trois côtés, le quatrième servant de charnière. A défaut d'un nourrisseur spécial, toujours préférable, on

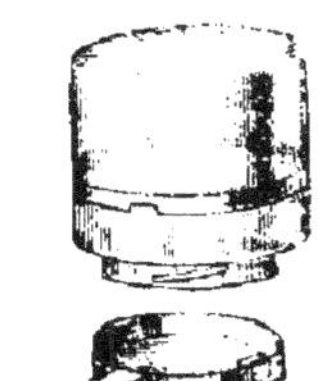

Fig. 21. — Nourrisseur perforé. On aperçoit à son fond et à droite l'orifice de l'ouverture.

peut en improviser un avec une boîte à conserve pas trop haute, bien nettoyée, dans le fond de laquelle on perce six à douze trous de un millimètre. Sur l'ouverture de la couverture de toile on place d'abord un carré de toile métallique, sur celui-ci un carré de toile claire mouillée et enfin sur ce dernier la boîte vide dans laquelle on verse alors le sirop et l'on couvre. Ce nourrisseur devient tout à fait pratique si on le complète d'un socle consistant en une planchette de 18 à 20 centimètres de côté et épaisse de 12 à 15 millimètres, dans laquelle on creuse à la gouge un trou en rapport avec le fond du récipient. Le carré de toile métallique est cloué à demeure sur l'une des faces de la planchette et sur ce carré on met la toile puis le récipient.

112. — Il est à remarquer à ce sujet que cette nourriture diluée excite toujours les abeilles à sortir et que pour cette raison il ne faut la donner qu'autant que la température leur permet de voler à peu près tous les jours.

LA VISITE PRINTANIÈRE

113. — Visite printanière. — Cette visite qu'on fait dès que la température le permet et par un beau temps ensoleillé, quand les abeilles sortent en grand nombre, a pour objet de se rendre exactement compte de la situation intérieure de chaque colonie. On compte le nombre de décimètres carrés de couvain et de miel operculé que possède chaque colonie et on note ces chiffres sur son carnet avec la date de la visite. On note aussi la force de la population (faible, moyenne, forte ou très forte) et une appréciation de l'apparence de la mère si on a la chance de l'apercevoir. Ces indications sont très utiles parce qu'elles font voir avec certitude quelles sont les colonies qu'il y a lieu de stimuler, et à quel degré, en vue de l'exploitation de la miellée et parce qu'elles servent à la classification des colonies par ordre de mérite.

114. — Cette visite, si utile qu'elle soit, peut être négligée quand on peut s'assurer par l'animation qui règne sur la planche de vol que toutes les colonies sont vigoureuses et qu'on les sait bien pourvues; mais elle devient indispensable quand on a à faire à des colonies montrant peu de vitalité ou qu'on a lieu de soupçonner d'être à court de vivres ou d'avoir perdu leur mère. Si l'examen montre qu'une colonie manque de vivres, on lui donne deux rayons de miel, si on les a, ou on la nourrit de sirop épais (une partie d'eau et deux de sucre). Si on ne peut touver la mère et que le couvain manque, c'est que la colonie est très probablement **orpheline,** et si tout le couvain operculé a des couvercles bombés, couvercles de faux-bourdons, c'est que la colonie est non seulement orpheline, mais contient des ouvrières pondeuses, ce qui est pire, ou encore que la mère est devenue bourdonneuse et ne pond plus que des œufs non fécondés ne pouvant produire que des faux-bourdons. Dans tous ces derniers cas la colonie n'est plus bonne qu'à casser, même si elle est de force moyenne, parce que, à cette époque, les mères sont chères et qu'une tentative d'introduction d'une mère nouvelle serait une chose très risquée. Il n'y aurait donc qu'à réunir une telle colonie à une autre population normale, en suivant les indications données aux §§ 84 et suivants.

115. — L'addition de cadres. — Il est très important que la mère ne soit jamais restreinte dans sa ponte par le manque de cellules, spécialement au printemps. Si donc la ruche ne contient pas un nombre de rayons qui mettent la mère à l'aise, il convient de surveiller la ponte et dès que celle-ci s'étend au rayon qui, de chaque côté du nid à couvain, précède l'avant-dernier rayon, on insère entre celui-ci et celui contenant la fin du couvain, un rayon garni de fondation ou un rayon vide, ou mieux encore un rayon portant du miel. Il vaut mieux n'ajouter d'abord qu'un cadre à la fois, à moins que la population ne soit très forte et le temps très doux, dans lequel cas on peut en donner deux, un de chaque côté. On continuera à ajouter ainsi des cadres, tous les quatre ou cinq jours, entre le couvain et l'avant-dernier rayon, jusqu'à ce que la ruche soit pleine. Il faut éviter de diviser les rayons du milieu contenant le couvain et d'y produire un vide en y insérant des cadres nouveaux, car lorsque le couvain reste compact, il court beaucoup moins de risques de périr pendant les nuits froides du printemps. Si quelques ruches se développent trop vite, eu égard à l'époque de la miellée, on peut enlever à chacune un rayon de couvain operculé, sans les abeilles, avec lequel on renforce une colonie plus faible ou en retard. On remplace ces rayons par des cadres garnis de fondation, mais qu'on a soin de placer, comme il est dit plus haut, entre le couvain et les derniers rayons.

Pour la recherche de la mère, nous étant déjà occupé de cette question à propos des manipulations, nous renverrons le lecteur au § 91.

LE PILLAGE

116. — Le pillage. — Il y a des ruchers où le pillage est à l'ordre du jour pendant toute la saison, presque toujours de la faute même de l'apiculteur. Quand il en est ainsi, celui-ci devra réduire au strict nécessaire l'entrée de ses ruches et prendre les plus grandes précautions lorsqu'il ouvrira une ruche. Il s'appliquera, dans les opérations qu'il sera obligé de faire, à réduire le plus possible le nombre des rayons qu'il aura à découvrir. Pendant les fortes miellées cependant, le pillage se calme d'ordinaire, toutes les abeilles trouvant largement à s'occuper au dehors et si quelques abeilles impénitentes s'y obstinent, les autres n'ont pas le temps d'y faire attention.

117. — Ce qui est très important, c'est d'éviter avec le plus grand soin de fournir aux abeilles le moindre prétexte à pillage. Il ne faut jamais laisser dehors ni miel, ni sirop, ni rayon paraissant vide, ni propolis même. Celle-ci doit être ramassée et enterrée et si l'on renverse du miel ou du sirop par terre, il est indispensable de le couvrir de suite de terre pour le soustraire aux investigations des curieuses. Une abeille qui a pris l'habitude de piller ne se remettra que difficilement au butinage honnête. Elle passera son temps à guetter les entrées des autres ruches dans l'espoir de parvenir à s'y introduire subrepticement et d'en rapporter une bonne charge de miel sans se donner beaucoup de mal.

118. — Les pillards attaqueront de préférence les colonies faibles, démoralisées, malades, mal gardées et se défendant mollement; mais ils ne craignent pas de s'en prendre à une colonie courageuse lorsqu'elle n'est pas bien nombreuse, si surtout, par la négligence de l'apiculteur, une telle colonie a une entrée trop grande ouverte. Dans ce cas, les abeilles se défendent avec courage, s'affolent, deviennent furieuses et se jetant dehors pour se venger, tombent sans discernement sur tout ce qui remue dans le voisinage. Si quelquefois on entend parler de bêtes et de gens attaqués par les abeilles, le pillage en est souvent la cause.

119. — On reconnaît que le pillage se prépare lorsqu'il y a des prises de corps entre abeilles à l'entrée de certaines ruches, en même temps qu'un grand nombre d'abeilles voltigent devant ces ruches, sans décrire de grands cercles comme font les jeunes abeilles lors de leurs premières sorties, mais restent presque immobiles, la tête tournée vers l'entrée, à l'affût d'une occasion pour y pénétrer. Dès qu'on s'aperçoit de cette manœuvre, on se hâte de rétrécir l'entrée de toutes les ruches menacées et celle de leurs voisines, jusqu'à ne laisser qu'une ouverture de 2 ou 3 centimètres; de cette façon, les ruches même faibles peuvent aisément se défendre. A celles qui sont très faibles, on pourra ne laisser que 1 centimètre d'ouverture, pour mieux encore les protéger.

120. — Si ces précautions ne font pas cesser un commencement de pillage dans un délai assez court, ou lorsqu'on est arrivé trop tard et que le pillage menace de devenir sérieux, on couvre les planches de vol d'herbe fraîchement coupée, plutôt courte, en l'éparpillant petit à petit et en entrecroisant les brins pour que l'air et les abeilles puissent traverser ces retranchements improvisés. Un chiffon imprégné de quelques gouttes d'acide phénique, placé sur la planche de vol d'une ruche attaquée réussit très souvent à décourager les pillards quand ils ne sont pas encore bien excités.

SUITE DES TRAVAUX

121. — **L'essaimage.** — Beaucoup d'apiculteurs regardent les essaims comme une bénédiction du ciel, un gage de prospérité et le moyen de tirer un profit non négligeable du rucher ; mais quand on possède déjà un nombre suffisant de colonies et que les essaims ne sont pas d'un placement facile, l'essaimage est plutôt un désavantage, voire même un gros ennui dont on se passerait volontiers. Heureusement que dans les ruchers bien tenus les essaims sont généralement assez peu nombreux, beaucoup de colonies n'essaimant pas tous les ans.

122. — Les causes de l'essaimage sont multiples ; les principales sont : la tendance de la race, car il y a des familles d'abeilles qui essaiment très peu ; le manque de place dans la ruche pour le couvain et le miel ; l'insuffisance de la ventilation et une prospérité exubérante. D'où l'on peut conclure que pour éviter les essaims, pour autant

que la chose est possible, il faut donner beaucoup d'espace
à la mère pour sa ponte, poser des hausses sur les ruches
au fur et à mesure des besoins pour recevoir le miel, surveiller la ventilation et l'approprier aux circonstances et
enfin calmer les colonies trop exubérantes en leur prenant
en temps utile du couvain operculé et même des abeilles
avec lesquels on renforce les colonies moins avancées ayant
besoin de ce secours.

123. — Une même colonie peut jeter plusieurs essaims à
la suite les uns des autres : le premier s'appelle essaim primaire et il est toujours accompagné par la vieille mère ; les
suivants sont des essaims secondaires ayant à leur tête une
jeune reine venant de naître, mais il arrive quelquefois que
ces essaims secondaires comprennent plusieurs jeunes reines
dont une seule est destinée à survivre.

124. — La sortie d'un essaim s'annonce quelquefois, pas
régulièrement cependant, par une agglomération d'abeilles
se formant la veille au soir et même pendant plusieurs
soirées précédentes, sur la planche de vol, comme si les
abeilles se trouvaient à l'étroit dans leur ruche et avaient
besoin de prendre le frais dehors pour échapper à la trop
grande chaleur de l'intérieur. Quand cette manifestation se
produit les préparatifs de l'essaimage sont généralement
trop avancés pour qu'on puisse éviter la sortie de l'essaim.
Il ne faut cependant pas négliger d'augmenter, autant que
possible, l'accès de l'air dans ces ruches, ne serait-ce que
pour mettre ces abeilles à leur aise, pour le cas où la chaleur seule les aurait poussées à faire ainsi la barbe ; mais
les probabilités sont qu'un essaim se produira le lendemain
ou un jour très prochain, si le temps permet sa sortie. En
effet, dès le moment où les abeilles ont décidé de jeter un
essaim et ont commencé à construire des alvéoles maternels, il n'y a plus qu'une seule chose qui peut empêcher
l'essaim de partir, c'est un brusque refroidissement de la
température et la cessation subite de toute miellée. Dans ce

cas, les abeilles, se rendant compte de l'inopportunité de la formation d'un essaim, détruisent leurs alvéoles et renoncent à essaimer.

125. — Les essaims sortent généralement vers midi, mais par beau temps seulement. La pluie retarde leur sortie et il peut arriver ainsi qu'au retour du beau temps plusieurs essaims sortent le même jour, même si le rucher n'est pas très important. Il est bon de prévoir cette éventualité en préparant plusieurs ruches d'avance pour recevoir les essaims. Dans ces ruches on place en nombre suffisant soit des rayons construits vides, soit des cadres avec fondation, ou encore deux ou trois rayons construits qu'on place au centre, et à droite et à gauche desquels on ajoute des cadres avec fondation. En général il vaut mieux ne mettre la ruche en place que lorsque l'essaim est dans les airs, mais il y a avantage à installer d'avance le socle qui doit la recevoir, cette installation demandant à être faite avec soin (*voir* § 9). Les essaims ayant besoin de beaucoup d'air on ouvrira l'entrée de la ruche toute grande et s'il fait chaud on agrandit son ouverture en hauteur à l'aide de cales. Un pont en planches prolongeant la planche de vol de la ruche et solidement appuyé sur des pierres ou des briques est très utile, comme on verra plus loin.

126. — Pour cueillir un essaim, une caisse à parois pleines de 50 à 60 centimètres de côté peut très bien servir, un seau un peu grand, propre et inodore, suffit à la rigueur; mais ce qu'il y a de plus commode c'est une ruche commune en paille un peu grande, qu'on réserve exclusivement pour cet usage. Quand on a la chance d'assister à la sortie de l'essaim, on commence par marquer la ruche dont il provient, car l'événement est d'importance et mérite d'être noté sur le carnet, avec la date, et pour hâter la formation de la grappe on lance, aux abeilles ayant pris le vol, un peu d'eau à intervalles répétés, avec une forte seringue ou une pompe, pour leur faire croire que la pluie tombe, ce qui ne peut manquer de calmer leurs velléités voyageuses et de les engager à se poser tout près. Un endroit où un essaim a séjourné récemment attire presque toujours les essaims subséquents. Il en est de même d'un poteau de 6 à 8 centimètres de diamètre et de 2 mètres de hauteur, légèrement enfoncé dans le sol en avant du rucher, sur lequel on cloue une planchette de 20 centimètres sur 30 centimètres, fraîchement enduite en dessous d'une légère couche de cire fondue. Nous recommandons tout particulièrement ce stratagème, car si l'essaim se pose sur le poteau sa cueillette et sa mise en ruche se trouveront singulièrement facilitées, puisqu'on n'aura qu'à arracher doucement le poteau et le porter avec sa charge d'abeilles devant la ruche en place et à faire tomber celles-ci sur le pont devant l'entrée.

127. — Malheureusement il n'arrive que trop souvent que l'apiculteur n'est pas présent quand l'essaim prend son vol et les abeilles ont ainsi beau jeu pour choisir à leur fantaisie l'endroit où elles vont se poser. Il est rare cependant qu'un essaim s'éloigne à une grande distance aussitôt sa sortie de la ruche. Le plus souvent il fait une halte provisoire dans les alentours immédiats du rucher, mais cette halte, dont l'apiculteur aurait tout avantage à profiter, si cela lui était possible, pour cueillir l'essaim, cette halte peut durer un quart d'heure, comme elle peut durer une heure ou plus. Il arrive même quelquefois que les abeilles restent en place jusqu'au lendemain pour s'éloigner vers la fin de la matinée, mais il ne faut pas trop y compter.

128. — L'essaim une fois posé, plus tôt on le cueille mieux cela vaut, quoiqu'il soit à peu près certain qu'il passera la nuit là où il s'est arrêté s'il y est resté jusque vers le soir. Pour s'en emparer on le fait tomber par un coup sec s'il est pendu à une branche, ou par tout autre moyen dans le récipient destiné à le recevoir, après quoi on le porte devant la ruche préparée à son intention et par un coup sec on le fait tomber sur le pont devant l'entrée. On peut bien entendu faire usage de la fumée pendant cette opération, mais il ne faut pas en abuser, car les abeilles appartenant à un essaim sont gavées de miel et presque toujours très dociles. Le récipient ayant contenu l'essaim est posé au-dessous des abeilles sur le pont, l'ouverture tournée vers l'entrée pour que les abeilles qui y sont restées puissent rejoindre les autres ; au besoin on les brosse devant l'entrée. Il est à remarquer que les abeilles faisant partie d'un essaim paraissent avoir renoncé complètement à leur ancienne demeure et que, sauf le cas où la mère se perdrait pendant que l'essaim est dans les airs ou serait empêchée de prendre le vol, elles ne reviennent jamais à leur ancienne maison, si malheureuses qu'elles puissent être ; il n'y a donc aucune précaution à prendre pour les empêcher d'y retourner.

129. — Si les abeilles jetées sur le pont restaient groupées et tardaient à prendre le chemin de l'entrée de la ruche, on en prendrait quelques-unes avec une cuiller ou la spatule pour les déposer tout près de l'entrée pour les décider à y entrer et si cette avant-garde en pénétrant dans la ruche trouve l'habitation à sa convenance, elle se mettra incontinent à agiter les ailes d'une façon spéciale et à battre le rappel. A ce signal toutes les abeilles de l'essaim se tournent instantanément vers l'entrée et c'est en entonnant un chant d'allégresse qu'elles prennent possession de leur nouvelle maison. C'est un spectacle bien curieux que de voir toutes ces abeilles marcher avec un merveilleux ensemble vers la demeure signalée et s'y diriger en rangs serrés, sans désordre comme sans hâte. Et ce spectacle est souvent complété par la vue de la mère qui, à grandes enjambées, passe sur le dos de ses enfants, pour se mettre au plus vite à l'abri.

130. — On signale quelquefois des essaims ayant déserté la ruche qu'on leur a donnée. Ces ruches avaient peut-être une odeur désagréable, les rayons qu'on y avait mis étaient

peut-être moisis? Toujours est-il que lorsqu'on loge les
essaims dans des ruches propres, saines, sans odeur et sur
des rayons en bon état et bien conservés, les abeilles ne
demandent pas mieux que d'y rester, si surtout on les
nourrit un peu pour commencer, ce qui est toujours une
bonne précaution lorsque la miellée n'est pas bien abondante à ce moment.

131. — Peut-on éviter les essaims ? Les seuls
moyens vraiment pratiques qui peuvent empêcher les
essaims de se produire, sont ceux indiqués au paragraphe **122.** Si, malgré ces mesures, une colonie a jeté un
essaim primaire, on peut éviter la formation d'un second
essaim en venant quatre ou cinq jours plus tard enlever
des rayons de cette colonie tous les alvéoles maternels sauf
un, le plus beau et le mieux placé. Quant aux autres
moyens préconisés pour empêcher les essaims, en les rendant par exemple aux colonies dont ils sont sortis, ce sont
des remèdes qui peuvent réussir aux mains des experts,
mais qui ne sont pas à recommander d'une façon générale,
Mieux vaut, à notre avis, se résoudre à capturer ses essaims
chaque fois que la chose est possible; il suffit pour cela
d'être bien monté en matériel. Les gros essaims font
souvent d'assez bonnes récoltes et en fin de saison on trouve
quelquefois à les vendre, sinon on a toujours la ressource
de les réunir à une colonie voisine. On constitue ainsi de
fortes populations qui auront toutes les chances de passer
un bon hiver et le matériel redevient libre chaque automne
pour la saison suivante.

132. — A qui appartient l'essaim? L'essaim continue à être le bien de son propriétaire tant que celui-ci peut
le suivre, fût-ce des yeux seulement. Si l'apiculteur, ou
quelqu'un le représentant, a pu suivre l'essaim et l'a vu se
poser dans une propriété, il a le droit d'exiger du propriétaire de ce terrain qu'il soit autorisé à y pénétrer,
même si ce terrain est clos, pour qu'il puisse s'emparer de

l'essaim ; mais il est tenu de réparer les dégâts qu'il peut faire en ce faisant. Un essaim non suivi par son propriétaire, ou quelqu'un le représentant, appartient à celui sur le terrain duquel il se pose. Si c'est un terrain communal, l'essaim appartient à celui qui aura su s'en saisir.

133. — **L'essaimage artificiel** peut au besoin remplacer l'essaimage naturel. Il se pratique quand on ne veut pas avoir à courir après l'essaim qu'une colonie très populeuse s'apprête à jeter ; c'est aussi un moyen assez commode d'augmenter le nombre de ses colonies en se passant des essaims naturels. Il consiste à prendre à une colonie très vigoureuse une partie de son couvain et de sa population, ainsi que la mère, avec lesquels on forme un essaim à qui on donne un emplacement nouveau, tandis que la souche, maintenant orpheline, reste en place, ou inversement. On s'assure toutefois que celle-ci contient des œufs ou des larves venant de naître, pour qu'elle puisse élever une jeune reine qui remplace la mère qu'on lui a enlevée.

134. — L'essaimage artificiel se pratique de préférence pendant la miellée, mais celle-ci peut au besoin être remplacée par le sirop ; ce qui est indispensable c'est la présence de faux-bourdons dans le rucher, car la jeune reine, que la souche aura à élever, aura besoin, pour être féconde, de se rencontrer avec un faux-bourdon. A la vérité, on peut également se passer des faux-bourdons, en achetant une mère ayant commencé à pondre et en l'introduisant dans la souche (voir § 158), dispensant celle-ci de la sorte d'élever une jeune reine.

135. — Ce mode de multiplication des colonies, très employé par les spécialistes, parallèlement avec l'élevage des jeunes reines, donne de très bons résultats entre les mains des experts, mais on ne saurait trop recommander à l'amateur de n'en faire usage qu'avec la plus grande circonspection.

LE MIEL. — LA RÉCOLTE.

136. — Les abeilles récoltent le miel sous la forme d'un liquide sucré, appelé nectar, que sécrètent certaines fleurs pour attirer les insectes dont elles ont besoin pour opérer la la dispersion de leur pollen. Les fleurs mettent à profit les visites intéressées des insectes pour saupoudrer ceux-ci de leur pollen que les insectes portent ainsi de fleur en fleur assurant de la sorte la fécondation croisée des fleurs visitées. Il existe autant de qualités de miel qu'il existe de variétés de fleurs, car le nectar n'est pas autre chose que de la sève parfumée et enrichie de sucre et il est facile de comprendre que des plantes différentes aient une sève de composition différente.

137. — On a quelquefois parlé de miels vénéneux, mais ces miels ne sauraient exister, car le poison que contiendrait le nectar s'exercerait tout d'abord sur les abeilles qui le récoltent et celles-ci mourraient avant d'avoir pu le rapporter à leur ruche. Ce qui est vrai, c'est que le miel est un aliment rafraîchissant, d'une digestion facile et rapide, trop rapide même, et pour cela il doit toujours être consommé avec modération, jamais seul, mais combiné avec d'autres aliments, surtout avec des fruits crus ou cuits. Un peu de miel étendu sur une tartine de bon beurre est un vrai régal.

138. — Le sucre de canne ou sucre ordinaire a le grand défaut d'être d'une digestion lente et difficile ; il provoque des aigreurs, augmente la dépense en chaux, soutire au système osseux et surtout aux dents, principalement chez les enfants, l'apport de chaux, dont les os ont besoin pour leur développement et leur entretien, tandis que le miel, composé surtout de sucre inverti, inverti dans le sac à miel de l'abeille, passe de suite dans le sang, sans occasionner d'aigreur et sans aucune fatigue pour l'estomac.

139. — Quand arrive la première bonne miellée, si l'apiculteur et les colonies elles-mêmes ont fait leur devoir, toutes les ruches du rucher doivent être pleines d'une population nombreuse, vigoureuse et prête à tirer le meilleur parti possible de l'aubaine attendue. En effet, si l'apiculteur a eu soin de donner en temps utile, à chacune de ses ruches, les rayons ou les cadres dont elle a eu besoin pour le rapide développement de son couvain, s'il a stimulé les populations indolentes et encouragé les faibles par des secours en nourriture et en couvain ; si, d'un autre côté, la mère s'est montrée à la hauteur de sa tâche — une mère jeune et vigoureuse est capable de pondre jusqu'à 3.000 œufs par jour et même plus — il n'y a aucune raison pour que toutes les colonies d'un rucher ne soient, quand arrive la miellée, en pleine possession de tous leurs moyens.

140. — Le commençant peut avoir quelque hésitation quant au jour où il convient de mettre en place la première

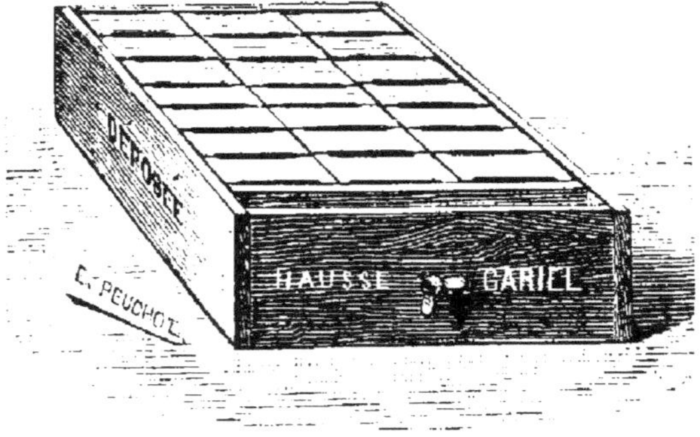

FIG. 22. — Hausse Gariel à sections.

hausse. Un expert ne s'y trompe pas ; il en juge par le degré d'avancement des boutons à fleur des plantes qui doivent donner la première grande ondée de nectar, par l'intensité de l'activité qui règne sur la planche de vol. Il en est souvent prévenu aussi par les cellules adventives que certaines fortes colonies encore bien pourvues ajoutent entre les barres, contre la couverture, cellules reconnaissables à leur blancheur et au nectar nouveau qui miroite dans leur cavité éventrée par l'enlèvement de la couverture.

141. — La première hausse se place sur les rayons du nid à couvain mis à nu ; lorsque cette première hausse est

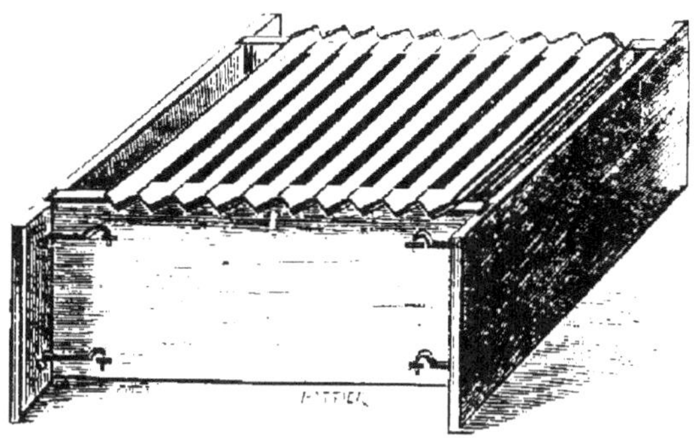

Fig. 23. — Hausse à grands cadres pour miel à extraire.

pleine et commence à être operculée, on en ajoute une seconde qu'on place *sous* la première et ainsi de suite, plaçant toujours la nouvelle venue sous toutes les autres. On couvre bien le tout pour concentrer la chaleur dans les hausses, car il est indispensable qu'il y règne une bonne chaleur, pour que les abeilles y travaillent avec ardeur, quitte à ombrager la ruche si la température devenait trop chaude.

142. — Les abeilles sont quelquefois assez peu disposées à monter dans la première hausse, quand surtout c'est une grande hausse à extraire qu'on leur a donnée, et alors que la miellée commence à peine et commence très lentement. Ce grand espace vide, subitement ajouté à leur logis, les fait parfois hésiter à aller l'occuper et c'est pour cette raison que beaucoup d'apiculteurs se servent de préférence de hausses moins volumineuses, avec cadres de 15 à 16 centimètres de hauteur seulement, tout au moins pour commencer la saison ou pour la finir.

143. — Mais une fois que les abeilles ont occupé la hausse à extraire, un autre danger surgit, celui de voir la

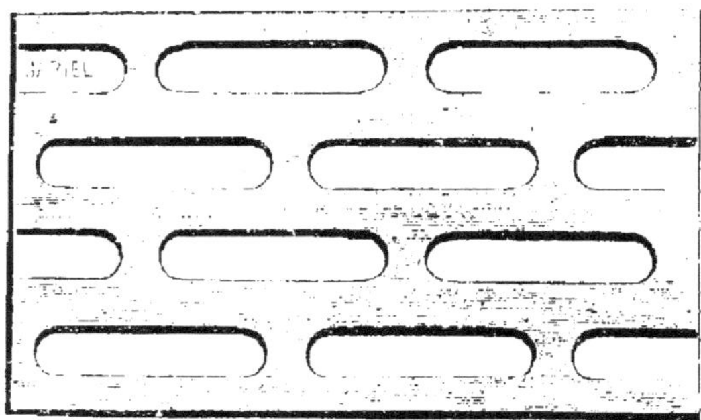

Fig. 24. — Exclusion en zinc perforé.

mère s'y rendre pour y pondre. C'est un danger sérieux lorsque le nid à couvain a été rétréci intentionnellement pour forcer les abeilles à monter dans les hausses, ou lorsque le rez-de-chaussée est trop dépourvu de cellules à faux-bourdons; celles-ci abondent au contraire généralement dans les hausses, car c'est surtout pour rechercher ces cellules et pour y pondre que la mère monte dans les hausses. Pour obvier à ce nouveau danger on se sert de feuilles métalliques percées de trous juste assez grands pour laisser passer les ouvrières, mais trop étroits pour donner passage à la mère, toujours plus grosse que les ouvrières surtout à l'époque de la grande ponte, de sorte que la mère se trouve, par l'effet de cette barrière infranchissable pour elle, confinée de force dans le rez-de-chaussée. Ces feuilles sont d'habitude, pour plus de commodité, montées dans un cadre en bois de la grandeur des hausses et sont généralement désignées simplement sous le nom d'*exclusions*. On les interpose entre les rayons du rez-de-chaussée et les hausses.

144. — Avec les hausses à sections le danger de voir la mère y monter pour pondre est beaucoup moins grand; les dégagements étriqués que présentent les sections ne sont pas faits sans doute pour l'attirer beaucoup, aussi les exclusions sont-elles moins nécessaires avec ces hausses qu'avec celles à extraire. La mère sera encore beaucoup moins tentée à y monter si on a soin de placer en travers du milieu des barres, sur les rayons du nid à couvain, une bande de toile large de 12 à 15 centimètres, de manière à laisser en avant et en arrière de cette bande un passage libre d'au moins 5 à 6 centimètres de largeur, bien suffisant pour la circulation. Cet obstacle, contre lequel la mère vient se buter lorsqu'elle finit de remplir le rayon de ses œufs — elle commence d'habitude, en effet, sa ponte au milieu du rayon et la finit sur les bords — lui donne sans doute l'impression qu'il n'y a pas lieu d'aller plus loin, et l'empêche de monter dans les hausses à sections et même dans celles à extraire, quand le rez-de-chaussée n'est pas trop dépourvu de cellules de faux bourdons.

145. — Mais il n'y a pas que la mère qui ait peu de tendance à monter dans les hausses à sections, les ouvrières elles-mêmes y répugnent toujours plus ou moins, surtout dans la première qu'on leur donne, sans doute pour la même raison, l'exiguïté des dégagements. Aussi, pour les encourager à surmonter cette répugnance, a-t-on soin de placer dans ces hausses, aux quatre coins et au milieu, cinq ou six sections amorcées contenant des rayons commencés et provenant de la saison précédente. Le rayon construit a en effet un attrait bien plus grand pour l'abeille que la fondation toute nue (voir § 151).

146. — On facilite l'enlèvement des premières hausses ou des exclusions, que les abeilles attachent souvent fort solidement aux barres des rayons, en plaçant sur ces barres quatre bandes de toile, larges de 6 à 7 centimètres, disposées en carré, de manière que les bords de la hausse ou de l'exclusion reposent sur ces quatre bandes. Par ce moyen il devient aussi plus facile de rendre étanches les lignes de contact entre la hausse et le rez-de-chaussée et de couvrir convenablement le reste des rayons non recouverts par la hausse, car il est indispensable d'empêcher toute déperdition de chaleur, si l'on veut que les abeilles travaillent avec ardeur dans les hausses.

147. — On a tout intérêt à laisser les hausses à extraire en place sur les ruches jusqu'à la fin de la miellée, le miel qu'elles contiennent y gagne en qualité et en finesse. Les hausses à sections, au contraire, doivent être enlevées dès que *toutes* les sections qu'elles contiennent sont bien operculées, pour les avoir de belle couleur blanche, celles qui restent longtemps sur les ruches portant souvent des traces de passage.

148. — Pour enlever les hausses des ruches, sans peine comme aussi sans mettre les abeilles en ébullition, on se sert d'une **sortie sans retour** montée dans un plateau de la grandeur des hausses. On place ce plateau la veille au

Fig. 25. — Sortie sans retour.

soir sous la hausse à enlever; on découvre partiellement cette hausse pour l'exposer à la fraîcheur de la nuit et inviter par le refroidissement qui en résulte les abeilles à la quitter. Si la sortie a bien fonctionné, toutes les abeilles auront abandonné la hausse avant le matin, et l'on pourra alors l'enlever sans la moindre difficulté. On retire également le plateau, on en brosse les abeilles devant la ruche et il est prêt à servir de nouveau. Un seul plateau, portant une ou mieux deux sorties, peut suffire pour un rucher d'une dizaine de colonies.

149. — Les hausses enlevées sont portées de suite à couvert, les rayons ou les sections sont nettoyées et dès le lendemain ou le surlendemain, on les examine attentivement et encore une autre fois trois ou quatre jours plus tard, pour s'assurer qu'ils ne contiennent pas de larves de fausse-teigne. Celles-ci sont extrêmement petites quand elles viennent d'éclore, à peine visibles, surtout parce qu'elles se réfugient dans les coins et vers le centre (le septum) du rayon ; mais elles se trahissent par de petits amas de poudre jaunâtre ressemblant à de la farine et par un commencement de coulage. Si on observe ces indices, on passe les rayons ou les sections sans plus tarder au sulfure de carbone.

150. — **Le sulfure de carbone** est une substance extrêmement utile à l'apiculteur pour tuer sans rémission les embryons de la fausse-teigne, mais elle est fort dangereuse parce que ses vapeurs sont très inflammables. Il faut la manipuler au jour en évitant avec le plus grand soin d'en approcher avec une lampe à flamme nue ou un corps en ignition. La meilleure manière de s'en servir consiste à consacrer temporairement à cet usage une grande malle fermant bien, dans laquelle on dispose les rayons ou les sections, sur lesquels on place une soucoupe avec 10 ou 15 centimètres cubes de sulfure de carbone et l'on ferme hermétiquement la malle. Vingt-quatre heures d'exposition aux vapeurs de ce sulfure — vapeurs plus lourdes que l'air — suffisent pour détruire radicalement toute larve, comme tout œuf, de la fausse-teigne. Au bout de ce temps on sort les rayons, on les laisse quelques heures à l'air, puis on les met à l'abri de la poussière, en un endroit sec et chaud. C'est une erreur de croire que le miel en rayons a besoin de fraîcheur pour se conserver. Il est très hygrométrique,

se gonfle à l'humidité, fait éclater les opercules, fermente
et moisit, tandis qu'au sec et au chaud il se conserve admi-
rablement et pendant longtemps.

151. — Les sections incomplètement operculées que
contiennent presque toujours les dernières hausses, et

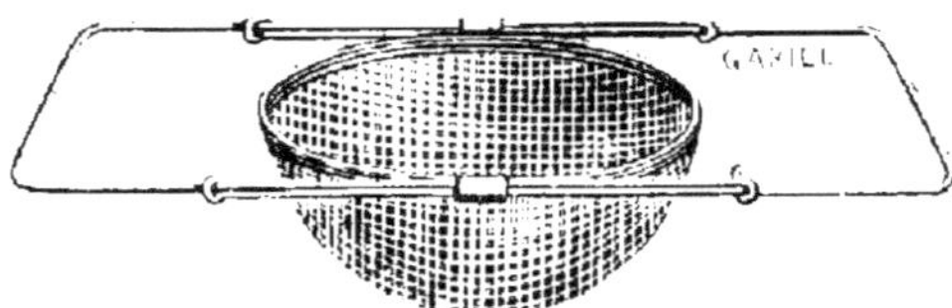

Fig. 26. — Passoire ronde pour miel.

même quelquefois les autres, étant d'une conservation difficile, on en dispose le plus rapidement possible. On peut
aussi en enlever le rayon au couteau et après l'avoir haché
menu en faire couler le miel sur un tamis ou une passoire.
Quant à celles qui ne sont que partiellement étirées et ne
contiennent que peu de miel, il faut les mettre à part avec
soin, car elles sont précieuses pour servir d'amorces l'année
suivante dans les premières hausses qu'on donnera (voir
§ 145). On les fait vider et nettoyer par les abeilles en les
réunissant dans une hausse, sans séparateurs, qu'on donne
vers le soir à une forte colonie, au dessus d'une couverture

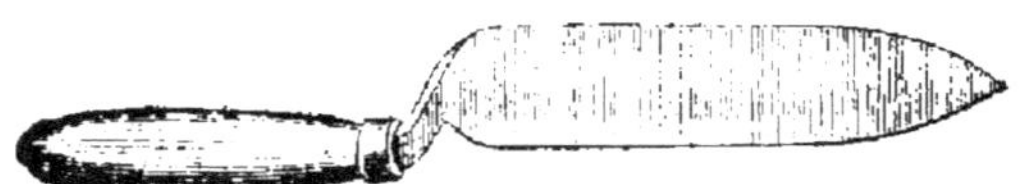

Fig. 27. — Couteau à désoperculer *Bingham*.

ayant un trou de nourrisseur. Vingt-quatre heures après
on insère une sortie sans retour sous la hausse qu'on enlèvera le lendemain. De cette façon le nettoyage des sections
se fait sans excitation et elles resteront intactes. On enveloppe la hausse de papier et on la met de côté.

152. — **L'extracteur** est un instrument très utile quand on fait du miel extrait. On peut évidemment s'en passer si l'on n'a que peu de ruches et qu'on veut éviter la dépense, car il est d'un prix assez élevé. Dans ce cas on peut faire couler son miel sur un tamis ou une passoire, mais il faut pour cela sacrifier ses rayons tous les ans, ce qui est également une dépense. Dans un rucher d'une certaine importance, en majeure partie consacré à la production du miel extrait, un extracteur est indispensable. On en trouve des modèles assez simples, à deux poches, qui peuvent rendre de très bons services, mais en en faisant la commande il faut bien stipuler la grandeur que doivent avoir les poches pour que les rayons puissent aisément y entrer.

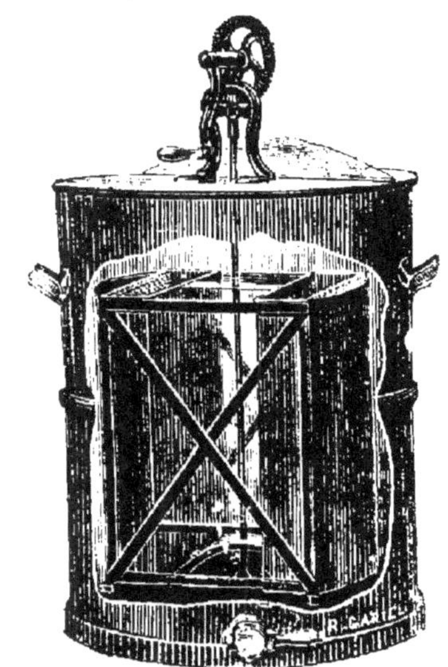

Fig. 28. — Extracteur pour grands cadres.

153. — Les rayons sont désoperculés sur un récipient assez large, en travers duquel on tend une grosse ficelle, ou sur lequel on fixe une traverse en bois portant un clou en saillie, sur lequel on fait pivoter le rayon pendant qu'on le désopercule des deux côtés. Pour ce travail on se sert d'un couteau spécial à biseau qu'on réchauffe dans de l'eau chaude.

Si on a soin de placer dans les poches opposées de l'extracteur des rayons ayant à peu près le même poids, la trépidation de l'instrument en mouvement est moins forte que lorsque les rayons ne se font pas contrepoids. La trépi-

dation peut être diminuée en appuyant l'instrument contre
soi pendant qu'on fait tourner la manivelle.

154. — Lorsque les rayons sont fragiles, ce qui est le
cas de ceux qui ne sont pas construits sur fondation un
peu forte et sur fils de fer, et aussi de ceux qui n'ont pas
fait un stage dans le nid à couvain pour y être renforcés
avec les cocons de deux ou trois générations de couvains,
des précautions spéciales sont nécessaires en les faisant
passer à l'extracteur. Le premier côté de ces rayons demande
à être vidé à vitesse modérée et à moitié seulement tout
d'abord, après quoi on les retourne et on vide le second côté
à vitesse normale et à fond; on reprend ensuite le premier
côté et on finit de le vider. La pression exercée sur la paroi
médiane par le miel emmagasiné derrière est ainsi considérablement diminuée et grâce à cette précaution les rayons
fragiles, qu'on fera bien de marquer spécialement pour
éviter une erreur de traitement, peuvent être passés à
l'extracteur sans qu'ils en souffrent beaucoup et peuvent
durer longtemps. Les rayons vidés sont donnés aux abeilles
pour les nettoyer, comme on fait des sections amorces
(voir § 151), puis enveloppés de papier et mis de côté.

155. — L'extracteur doit être vidé dès que la surface du
miel extrait approche du pivot sur lequel tourne le panier
intérieur, pivot qu'on a soin d'enduire d'un peu de vaseline
de temps en temps. En faisant couler le miel on le fait
passer sur un tamis ou au travers d'une poche en toile
métallique, pour arrêter le plus gros des impuretés qu'il
contient, débris d'opercules, etc. Le miel extrait a besoin de
deux ou trois jours de repos, pour permettre aux parcelles
de cire et de pollen qu'il contient toujours de monter à la
surface. Cette écume est soigneusement enlevée avec un
carré de toile métallique fine et serrée, puis le miel est mis
en flacons ou en boîtes et conservé en un endroit sec et
chaud.

156. — Le miel qui a granulé est rendu liquide en le chauffaut au bain-marie sans dépasser 55 degrés centigrades. Le miel ainsi traité perd très peu de son arôme et se conserve ensuite assez longtemps sans granuler. Aussi beaucoup d'apiculteurs ayant une clientèle qui préfère le miel liquide au miel granulé, prennent-ils la peine de chauffer leur miel au degré susindiqué avant de le mettre en flacons.

CHANGEMENT DE MÈRE. — INTRODUCTION.

157. — Des circonstances peuvent se présenter où l'apiculteur aurait besoin de savoir comment s'y prendre pour introduire une mère étrangère dans une colonie. C'est d'ailleurs le moyen le plus rapide et le plus certain d'améliorer la race, une colonie n'ayant jamais et ne pouvant avoir que les qualités que possède en propre la mère qui est à sa tête. Si vicieuse, si paresseuse qu'une colonie puisse être, il suffit de lui enlever sa mère et de la remplacer par une autre provenant d'une famille douce et travailleuse, pour que du coup toutes les générations à venir soient douces et travailleuses. Le changement de mère n'a rien du reste qui doive effrayer l'apiculteur: plus celui-ci avancera en science apicole, plus il se convaincra de la nécessité de le pratiquer, et de fait les abeilles elles-mêmes le pratiquent, à l'insu de l'apiculteur, beaucoup plus fréquemment qu'on ne se l'imagine. Nous allons donc donner quelques indications sommaires à ce sujet.

158. — Pour qu'une tentative d'introduction puisse réussir deux principales conditions sont nécessaires. Il faut : 1° que la colonie ne possède au moment de l'introduction aucune mère, si jeune ou si vieille qu'elle puisse être. Si elle en a une, il faut la rechercher et la supprimer la veille ou le jour de l'introduction et beaucoup d'apiculteurs préfèrent la supprimer à l'instant même où ils vont procéder à l'introduction de sa remplaçante; 2° que la ruche ne contienne aucun alvéole maternel même commencé. Ces deux conditions sont absolument indispensables, car la présence d'une reine, jeune ou vieille, ou celle d'un alvéole terminé ou en formation et contenant un embryon vivant, serait un obstacle insurmontable à l'acceptation de la mère à introduire. Les autres circonstances favorables sont : 3° la présence d'un certain contingent de jeunes abeilles nourricières, celles-ci étant de bonne composition et tout disposées à accepter la mère qu'on leur donnera, tandis que les vieilles butineuses sont hargneuses et querelleuses, parfaitement capables, si elles étaient seules, de faire échouer toute tentative d'introduction; 4° l'existence d'une miellée, fût-elle médiocre, laquelle peut d'ailleurs être aisément remplacée par un nourrissement lent, et enfin 5° l'absence d'ouvrières pondeuses (voir § 114).

159. — Si l'on n'a besoin que d'une reine ou deux par saison, il est généralement préférable de les acheter à un spécialiste (voir § 32), plutôt que de chercher à les élever soi-même. Si au contraire il en fallait cinq ou six ou plus, cela vaudrait la peine d'essayer d'en faire l'élevage, à condition qu'on ait déjà acquis un peu d'expérience dans le maniement des abeilles. Nous nous occuperons de cet élevage un peu plus loin, au paragraphe 167.

160. — Supposant maintenant qu'on se soit procuré une mère au dehors et qu'on l'ait reçue dans une cage impropre

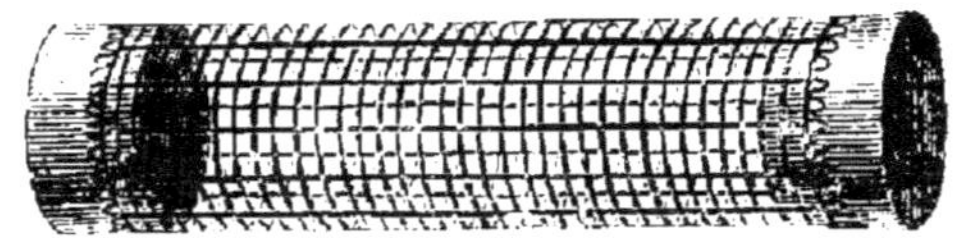

Fig. 29. — Cage à mère, cylindrique.

à l'introduction. Dans ce cas on porte la cage dans une pièce bien close (voir § 93) pour faire passer la mère de la cage de voyage dans une cage cylindrique, une des meilleures pour l'introduction et facile à fabriquer soi-même au besoin. La mère mise dans la cage, on roule celle-ci dans un morceau de papier blanc percé de quelques trous d'épingle et on la pose pendant 25 ou 30 minutes en un endroit chaud et sombre, un tiroir propre, sans odeur, par exemple, où la mère se calmera en jeûnant quelque peu et ne sera de la sorte que mieux disposée à se résigner à son sort. On porte alors la cage près de la colonie à laquelle on la destine et qu'on aura préparée du mieux qu'on a pu, d'après les indications données au paragraphe 158. On ouvre la ruche, on élargit l'une des ruelles centrales en reculant les autres rayons et dans cette ruelle élargie on suspend la cage à un endroit où l'on puisse, en la pressant un peu, la faire mordre dans un peu de miel operculé. En sortant quelque peu l'un des rayons on pourra mieux choisir l'endroit. On bouche avec un petit morceau de bois ou un morceau de chiffon roulé, à chaque bout de la ruelle, l'ouverture qu'a produite l'écartement des rayons, on couvre et l'on ferme. S'il n'y a pas de miellée, on nourrit.

161. — Deux jours après, ou déjà le lendemain si la colonie est douce, on revient à la ruche, on écarte les rayons, on sort quelque peu celui auquel est suspendue la cage et l'on observe l'attitude des abeilles. Si elles se pressent autour de la cage en faisant entendre une sorte de sifflement strident, si elles paraissent irritées et cherchent à pénétrer dans la cage, c'est que l'acceptation n'est pas encore faite. On ferme et l'on revient le lendemain, le surlendemain, jusqu'à ce que l'acceptation soit un fait accompli. Cette acceptation se reconnaît à ceci que les abeilles n'assiègent pas la cage, que celles qui se trouvent près d'elle sont calmes et ne paraissent pas s'en préoccuper beaucoup. Quand il en est ainsi, on prélève avec un couteau, ou avec la spatule, un tampon un peu substantiel de miel operculé, sur l'un des rayons, et ayant enlevé le bouchon inférieur de la cage, pendant que la mère se trouvait à l'autre bout, on le remplace prestement par le bouchon de miel et de cire, lequel devra remonter dans la cage au moins d'un bon centimètre. On remet la cage en place et l'on ferme. Les abeilles se mettront immédiatement à boire le miel du tampon et pendant qu'elles seront occupées à cette besogne agréable, elles se trouveront, au bout de quelques minutes, en présence de la mère occupée elle-même à boire, et la connaissance se sera faite dans les meilleures conditions possibles.

162. — La méthode que nous venons d'exposer est la méthode classique, dite à la cage, très ancienne et ayant fait ses preuves. Dans ces derniers temps on a beaucoup recommandé la méthode à l'essaim, beaucoup plus expéditive et qui donne également d'excellents résultats. Elle consiste à installer sur un large plateau un panier en paille vide et à brosser devant ce panier, soulevé devant, les abeilles de tous les rayons de la colonie qui doit recevoir la nouvelle reine. Ceci fait, on place un pont devant la ruche ainsi dépouillée de la majeure partie de ses habitants et l'on jette l'essaim sur le pont. Dès que les abeilles ont pris le chemin de la ruche on ouvre la cage et on laisse la mère prendre pied au milieu de la foule se pressant vers l'entrée. La mère gagne la ruche pêle-mêle avec la population, prend place sur l'un des rayons centraux et la présentation est faite. Dans les cas compliqués, lorsqu'on a lieu de craindre quelque bataille, et aussi lorsque la mère à donner a une grande valeur, on peut prendre la précaution de suspendre la cage contenant la mère dans une des ruelles centrales, avant de jeter l'essaim sur le pont et l'on revient le lendemain se rendre compte de l'humeur des abeilles, comme il est dit plus haut.

163. — Une troisième méthode dite au couvain, la seule absolument sûre, consiste à mettre dans une grande hausse, dans laquelle on découpe une petite entrée de cinq centi-

mètres de longueur, trois ou quatre rayons de couvain prêt
à éclore, sans abeilles, en les encadrant exactement entre
deux séparations. On place cette ruche improvisée sur la
couverture en toile de la colonie à laquelle on destine la
mère, colonie qui lui prêtera ainsi la chaleur dont a besoin
le couvain pour éclore, sans avoir aucune communication
avec elle. On couvre chaudement, on ferme provisoirement
l'entrée avec une bande de toile métallique et on laisse la
mère quitter sa cage et descendre entre les rayons de couvain. Trois jours après on ouvre l'entrée d'un centimètre et
on s'arrange de façon à permettre aux abeilles de prendre
le vol. La mère ne tardera pas à commencer à pondre.
C'est à ce moment qu'on supprime la mère à remplacer et
l'on fait ensuite la réunion des deux populations (voir § 84)
après avoir toutefois mis la nouvelle mère en sûreté pour
vingt-quatre heures dans une cage suspendue entre deux
des rayons qu'on lui avait tout d'abord donnés.

164. — Introduction d'un alvéole. — Il arrive
assez fréquemment que le remplacement de la mère se
fasse à l'époque de l'essaimage par un alvéole au lieu d'une
mère adulte. C'est un moyen facile et économique d'améliorer les colonies d'un rucher, puisqu'il suffit de prendre
dans une colonie de tête, italienne ou autre, qui vient d'essaimer quelques-uns des alvéoles qu'elle possède pour les
donner à d'autres colonies de moindre valeur. Ces colonies
devront, bien entendu, se trouver dans les conditions énumérées au § 158. C'est, on pourrait dire, un élevage abrégé,
à la portée des apiculteurs qui ne peuvent consacrer que
peu de temps à leur rucher.

165. — Le procédé est fort simple, il est basé sur deux
faits, le premier que l'essaim primaire sort de la ruche, si
le mauvais temps ne s'y oppose pas, le jour même ou le
lendemain du jour où le plus avancé des alvéoles a été operculé; le second, que cet alvéole donne naissance à l'aînée
des jeunes reines *huit jours* après la sortie de l'essaim. Il

s'agit donc de s'emparer des alvéoles dont on a besoin avant
le huitième jour, pour empêcher l'aînée des jeunes reines
de venir occire ses cadettes dans leur berceau, ce qu'elle
ferait sûrement aussitôt née. Il faut donc venir chercher ces
alvéoles le cinquième ou le sixième jour après la sortie de
l'essaim, en ayant soin toutefois d'en laisser un à la colonie
qui a jeté l'essaim, car elle a besoin, elle aussi, d'une jeune
reine.

166. — L'alvéole doit être détaché avec une lame fine,
mince et bien affilée, avec une certaine marge tout autour,
pour éviter de l'endommager. Il faut se garder de le secouer,
toute secousse un peu violente pouvant estropier son occu-
pant. Aussitôt détachés et parés, on les met dans une boîte
garnie d'ouate ou de drap où ils seront au chaud et à l'abri
des chocs ; puis on les fait entrer, la pointe en bas, chacun
dans une cage cylindrique dont on aplatit quelque peu le
bout inférieur pour empêcher l'alvéole d'en tomber ; mais
on laisse ce bout ouvert pour que la jeune mère puisse
sortir de la cage aussitôt éclose. On ferme l'autre bout de la
cage avec un bouchon et on la suspend dans une ruelle cen-
trale comme s'il s'agissait d'une mère adulte. Les abeilles
n'attaqueront pas l'alvéole par la pointe et si la colonie se
trouve dans les conditions favorables énumérées au § 158,
elle fera le meilleur accueil à la jeune reine au jour de sa
naissance.

L'ÉLEVAGE DES REINES.

167. — **L'élevage des reines.** — L'emploi des alvéoles
en vue de l'amélioration de la race, tel que nous venons de
l'exposer, n'est possible que si la colonie de choix dont on
veut utiliser les alvéoles, se met d'elle-même à essaimer. Il
est vrai qu'on peut l'aider à s'y décider en la nourrissant et

en la renforçant avec du couvain et des abeilles, mais le remède n'est pas absolument certain. Le procédé le plus pratique pour aboutir sûrement à un résultat consiste à se servir d'une colonie nourricière qu'on choisit populeuse, qu'on nourrit, qu'on renforce et qu'à l'époque de l'essaimage, lorsque les premiers faux-bourdons sont nés, on rend orpheline.

168. — D'autre part, on a donné trois jours plus tôt (on note la date) à la colonie de choix un rayon vide qu'on a placé au beau milieu du nid à couvain. On le retire trois jours après, c'est-à-dire lorsque la mère y aura pondu et après en avoir brossé les abeilles devant l'entrée, on l'enveloppe d'une flanelle et on le porte à couvert. On choisit alors de chaque côté du rayon, à mi-hauteur ou un peu plus haut, une rangée horizontale de cellules contenant des œufs et on passe la lame effilée d'un couteau dans les cellules placées au-dessous de manière à former comme un fossé sous chacune des deux rangées choisies. Cette démolition a pour effet de faire choisir les cellules ainsi soulignées de préférence à toutes autres pour la construction de leurs alvéoles. Si le rayon est bâti sur fils de fer on choisit de chaque côté du rayon une rangée d'œufs placée entre les fils de fer et de façon que les deux rangées ne soient pas opposées dos à dos, car il faut pouvoir enlever un peu de septum avec chaque alvéole. Ce rayon ainsi préparé est placé ensuite au milieu de la colonie nourricière dont on a supprimé la mère quelques heures auparavant. On nourrit s'il n'y a pas de bonne miellée et l'on couvre chaudement.

169. — Quelques jours après on vient s'assurer que les abeilles ont obéi à l'invite et ont construit un bon nombre de leurs alvéoles sur le rayon apporté, et l'on profite de la visite pour détruire tous les alvéoles construits ailleurs. Les jeunes reines naissant au plus tôt à la fin du quinzième jour après la ponte de l'œuf et le plus souvent au commencement du seizième jour, on vient prendre les alvéoles le treizième ou le quatorzième jour et on les donne aux colonies à régénérer, comme il est dit plus haut.

170. — Ce procédé a l'inconvénient de déranger les colonies et de les émotionner au beau milieu de la miellée, alors qu'elles auraient le plus besoin de tranquillité pour se vouer tout entières à leur travail. On évite cet inconvénient si l'on peut sacrifier la colonie nourricière et, autre condition importante, si l'on possède une quantité suffisante de ruches ou de ruchettes et de rayons. Voici comment on procède : au moment où les alvéoles sont bons à enlever on casse la ruchée et on la divise en autant de petites colonies que la ruche contient de fois deux rayons. A chacune d'elles on donne un alvéole et un contingent à peu près égal d'abeilles : on ajoute un rayon de miel et un rayon vide et l'on installe le tout dans la ruche comme suit. On place d'abord le rayon de miel contre la paroi la plus chaude, on ajoute les deux rayons provenant de la colonie nourricière, entre lesquels on suspend la cage avec l'alvéole, puis le rayon vide et enfin la séparation qu'on soulève d'un centimètre. On ne donne qu'une petite entrée, d'un centimètre ou deux, *à l'autre bout de la planche de vol* pour éviter le pillage, et l'on couvre chaudement.

171. — On groupe ces ruches ensemble, en un endroit ensoleillé près du rucher et l'on s'ingénie à donner à chacune d'elles, sur le devant, un aspect un peu différent, à l'aide de bâtons plantés devant la planche de vol, de pierres posées près de l'entrée, etc., pour que les jeunes reines, au retour de leur vol nuptial, puissent plus facilement retrouver la porte de leur maison sans se tromper, car une erreur leur serait sûrement fatale. Les jeunes reines éclosant ainsi tranquillement, elles feront leur vol nuptial et commenceront à pondre. Et lorsque la récolte est faite, on réunit ces petites colonies à celles qui sont à régénérer et qu'on n'aura pas eu, de la sorte, à déranger pendant la miellée.

PRÉPARATIFS POUR L'HIVERNAGE

Ces préparatifs sont de trois sortes : le renforcement de la colonie en abeilles jeunes, la distribution des provisions pour l'hiver et l'empaquetage de la ruche contre le froid.

172. — Le renforcement en abeilles jeunes. — Les abeilles ouvrières peuvent vivre de cinq à six mois, à la condition de ne pas se fatiguer ; leur vie est abrégée d'autant qu'elles se sont usées davantage au travail. C'est ainsi qu'une ouvrière née en avril-mai, par exemple, qui butine le jour, ventile le soir et travaille pour ainsi dire sans désemparer, ne vit guère que cinq à six semaines. Comme l'élevage du couvain cesse vers la fin de septembre ou même plus tôt parfois, ce ne sont guère que les toutes dernières venues des ouvrières, celles nées en août-septembre, qui seront encore vivantes en février-mars, d'où il faut conclure que plus une colonie comptera de jeunes abeilles, nées tard et n'ayant que très peu travaillé, moins grande sera sa mortalité pendant l'hiver et mieux elle passera l'hiver. Il est par suite du devoir de l'apiculteur d'encourager l'élevage du couvain en août, soit en désoperculant, en temps utile et à deux ou trois reprises, le miel de quelques-uns des rayons centraux, soit en nourrissant les colonies qui ne sont pas bien riches en provisions. Il devra surtout s'abstenir absolument de dépouiller les abeilles, en fin de saison, du miel qu'elles ont logé dans le nid à couvain, car c'est la présence d'une riche provision de miel qui est le meilleur encouragement à la production du couvain, aussi bien en août qu'en mars-avril.

173. — La distribution des provisions. — Aussitôt après l'enlèvement des hausses l'apiculteur doit se préoccuper de l'état dans lequel se trouve l'approvisionnement de ses

colonies en miel. En effet, s'il y a des populations pré-
voyantes qui se gardent bien d'accumuler tout leur butin
dans les hausses où on le leur prendra, il y en a de naïves
et de généreuses qui ne pensent pas à réserver quelque
chose pour elles-mêmes au rez-de-chaussée et portent toute
leur récolte, ou à peu près, dans les hausses. Ce sont les
meilleures et il n'est que juste que l'apiculteur se montre
prévoyant pour elles. Non seulement il les nourrira de très
bonne heure pour les pousser à l'élevage du couvain d'automne, mais il leur complétera leurs provisions d'hiver en
avance sur les autres colonies. La distribution des provisions
hivernales ne saurait d'ailleurs nuire en rien à l'élevage
du couvain, car les abeilles consacrent, comme toujours, à
cet élevage, les rayons centraux qui doivent, en tout état
de choses, rester en grande partie vides de provisions, parce
que lors de la formation du groupe hivernal un grand
nombre des cellules de ces rayons, restées vides, sont destinées à recevoir un hivernant vivant.

174. — Les colonies vigoureuses et populeuses sont celles
qui ont les meilleures chances de passer un bon hiver, et
encore faut-il que ces colonies soient bien pourvues de provisions et convenablement garanties du froid. Les abeilles,
en effet, ne dorment pas pendant l'hiver ; elles ne sont
qu'engourdies et consomment sans discontinuer pour entre-
tenir dans leur groupe la chaleur sans laquelle elles ne
pourraient vivre, et cette chaleur elles la produisent et la
maintiennent d'autant plus facilement et plus économiquement que leur groupe aura plus d'ampleur. Pour cette
raison, les colonies faibles n'ont que des chances limitées
de passer un bon hiver, à moins qu'il ne soit très doux, et
mieux vaut en définitive les réunir, non entre elles, mais
chacune d'elles à une population plus forte, possédant déjà
un bon fonds de résistance et d'énergie.

175. — Toutes les colonies entrant en hivernage devraient
donc être populeuses et riches en abeilles jeunes, écloses en

automne; à ces colonies on complétera les provisions à 15 ou 16 kilogrammes, en rapport avec la longueur de l'hiver dans la région. Pour ce faire il faut les visiter l'une après l'autre et faire une estimation approximative du miel que chacune d'elles possède déjà. Cette estimation se fait en calculant à vue de nez le nombre de décimètres carrés de miel que contiennent les deux faces de chaque rayon, c'est-à-dire qu'on comprend dans le compte la surface que le miel operculé occupe de chaque côté des rayons, et l'on divise le total par 5 ou 6, selon l'épaisseur des rayons, pour avoir des kilogrammes. Le sirop à donner pour l'hiver se fait à chaud en versant deux parties de sucre dans une partie d'eau chaude et en remuant jusqu'à ce que tout le sucre soit bien fondu. Il est inutile que le sirop bouille. Si on le peut on lui incorpore de 10 à 15 0/0 de miel de seconde qualité mais sain, et on le donne tiède, vers le soir. Une colonie populeuse peut aisément descendre trois kilogrammes de sirop d'un nourrisseur bien fait, en une seule nuit.

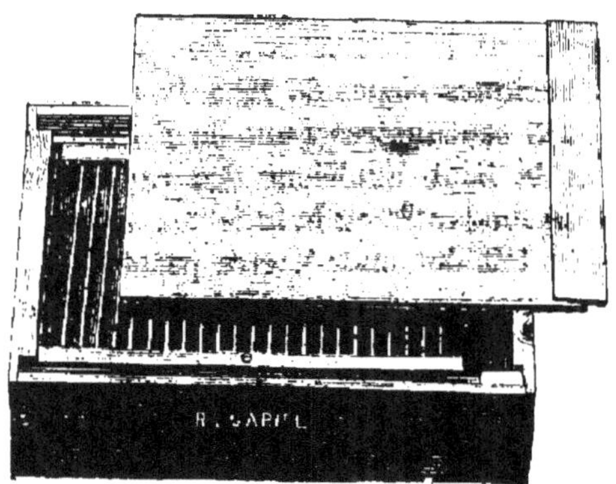

FIG. 30. — Nourrisseur « Rapide ».

176. — L'empaquetage des ruches. — La plupart des ruches modernes n'ont de parois doubles que devant et

derrière et leurs parois latérales sont simples. Comme il est
préférable que la ruche ne contienne pour l'hiver que le
nombre de rayons strictement nécessaire pour loger la population et les provisions, on peut d'ordinaire en retirer assez
de rayons, au moment de procéder à la distribution des provisions d'hiver, pour constituer à l'aide de deux séparations,
des parois doubles également sur les deux autres côtés. Ces
quatre espaces vides sont remplis de papiers froissés faciles
à enlever au printemps, le simple matelas d'air favorisant
souvent des courants d'air pernicieux.

177. — On laisse à la colonie la couverture de toile ayant
servi pour la distribution des provisions, l'ouverture du
nourrisseur pouvant servir de nouveau au printemps et l'on
couvre chaudement. Si les hivers sont d'habitude froids dans
la région, il ne faut pas craindre d'ajouter aux couvertures
un châssis de 8 à 10 centimètres d'épaisseur, garni de toile
sur les fonds et rempli de paille de bois. Lorsque les hivers
sont particulièrement longs, il y a avantage à établir un
passage d'hiver au-dessus des rayons pour permettre
aux abeilles de passer plus facilement d'un rayon à l'autre,
à la recherche de la nourriture. Ces passages s'obtiennent
en plaçant quelques règles de 10 à 12 millimètres d'épaisseur, à 2 ou 3 centimètres l'une de l'autre, en travers des
barres, vers le bout antérieur des rayons, au-dessus de
l'entrée, et en tendant bien la toile par dessus.

178. — Le toit demande à être passé soigneusement en
revue et, s'il peut être soupçonné de laisser passer l'eau, on
le recouvre d'une feuille de carton bitumé. Il doit être percé
de deux trous opposés, recouverts de toile métallique, pour
que l'air intérieur, généralement chargé d'humidité, puisse
se dégager au dehors. Il doit être solidement assis et ne pas
craindre d'être enlevé par le vent. L'entrée sera réduite graduellement pour l'hiver à 6 ou 8 centimètres, et l'on veillera
à ce que la neige ne vienne pas en bloquer l'ouverture.

179. — Dans les pays où les hivers sont rigoureux et où

règnent des vents violents et froids, on peut protéger les
ruches à l'aide d'un manteau de paille debout, couvrant les
côtés et l'arrière de la ruche, et maintenu en place par deux
ou trois liens attachés à des pieux. De vieux paillassons sont
excellents pour cet usage; on les place debout autour de la
ruche, en ayant soin d'en laisser l'entrée libre et on les
assujettit à l'aide de deux ceintures.

LA FONTE DE LA CIRE

180. — L'apiculteur a trop besoin de bonne cire, de la
pureté de laquelle il soit bien sûr, pour attacher la fondation dans les cadres et les sections, pour qu'il n'ait pas le
plus grand intérêt à conserver soigneusement toutes les
bribes qu'il en peut ramasser dans le cours de la saison. On
a sous la main une boîte dans laquelle on collectionne ces
bribes, rognures de fondation, débris de sections, vieux
rayons qu'on coupe en petits morceaux, etc., et de temps en
temps on les presse dans ses mains pour en former des boules
qu'on jette ensuite dans un vase quelconque, mais propre,
qu'on couvre de quelques feuilles de journal et d'un morceau de planche. Si la fausse-teigne est à craindre, on place
dans le vase, une ou deux fois en été, un peu de sulfure de
carbone dans une soucoupe, pour détruire les larves de ce
parasite que le vase peut contenir en attendant le moment
de la fonte. Pour les précautions à prendre, voir paragraphe 150.

181. — L'automne est une bonne époque pour fondre la
cire. On fait tremper les boules, qu'on émiette, dans de l'eau
de pluie pendant vingt-quatre heures, puis on fait fondre ces
débris lentement au bain-marie, dans un vase à moitié
rempli d'eau douce, en maintenant l'eau du vase extérieur
tout près du point d'ébullition, mais sans la laisser bouillir.

Cette chaleur est suffisante pour faire fondre la cire qui
fond à 66-68 degrés centigrades, mais ne doit pas bouillir à la
fonte, si on veut l'avoir de belle couleur. On puise la cire
fondue avec une louche, pour la verser dans un moule
évasé, rempli au tiers d'eau chaude. On laisse refroidir très

FIG. 31. — Purificateur solaire.

lentement au chaud, afin que les impuretés aient le temps
de tomber au fond. Le pain de cire, quand il est refroidi,
se détache aisément du moule, si l'on a soin de frotter les
bords de celui-ci d'un peu de savon noir.

182. — Un procédé plus simple, bien suffisant quand on
opère sur de petites quantités de débris, consiste à mettre
ceux-ci dans un petit tamis en toile métallique fine et à
poser ce tamis au-dessus d'un vase en terre à moitié plein
d'eau chaude. On place ce vase dans un four pas trop chaud
ou devant un feu modéré. La cire, en fondant, laissera déjà
une partie de ses impuretés dans le tamis et se purifiera
encore davantage en tombant goutte à goutte dans l'eau
chaude. L'opération terminée, on laisse refroidir l'eau
lentement et on retire la cire. Un procédé plus simple
encore consiste à placer les débris de cire, avec quelques
cailloux, dans un sac en toile claire qu'on maintient noyé,
au moyen d'une grosse pierre, dans de l'eau qu'on chauffe
à 88 ou 90 degrés centigrades.

183. — Il existe aussi dans le commerce des purificateurs de cire qui servent non seulement à conserver les débris de cire, mais aussi à les fondre. On expose l'appareil aux rayons solaires et l'opération de la fonte se fait ainsi toute seule à la chaleur du soleil.

LES ENNEMIS DE L'ABEILLE

Nous avons déjà eu occasion de nous occuper de quelques-uns de ces ennemis, notamment du crapaud, de la souris et des oiseaux, et nous avons indiqué (*voir* §§ 10, 17, 94) les moyens par lesquels l'apiculteur peut préserver ses ruches de leurs dégâts. Il nous reste à dire quelques mots des fourmis, de la guêpe et de la fausse-teigne.

184. — **Les fourmis**, du moins celles de nos contrées, sont rarement dangereuses pour les abeilles. Sans doute elles ne dédaignent pas de s'emparer du miel qui n'est pas sérieusement défendu, mais il est certain que c'est surtout la chaleur de la ruche qu'elles recherchent, laquelle convient merveilleusement pour faire couver et éclore économiquement leurs larves. On en trouve souvent des amas dans les plis des couvertures dont les fourmis se servent comme de couveuses gratuites. Cependant, quand elles sont nombreuses, elles ne laissent pas d'être désagréables pour l'opérateur, car elles sont courageuses, ne fuient pas et envahissent les mains et tout le corps de quiconque touche à leur domaine et à ses dépendances. Il existe heureusement un excellent moyen de les éloigner c'est de répandre un peu de borax (borate de soude) — pour lequel elles ont une grande aversion — sur les endroits et les passages qu'elles fréquentent, comme aussi sur leurs nids quand on peut les découvrir. A la première pluie, ou simplement après un bon arrosage, la solution de borax pénètre dans la terre et les fourmis décampent au plus vite.

185. — **La guêpe** est un ennemi acharné de l'abeille qu'elle ne craint pas de venir attaquer jusque sur le seuil de sa ruche, quand elle revient chargée à la maison. Avec une audace et un sang-froid extraordinaires, elle se poste à l'affût et quand elle voit venir sa victime elle court sur elle et d'un coup sec de ses mandibules acérées elle la coupe en deux au corselet. Vivement elle s'empare du contenu du sac à miel, puis s'en va tranquillement porter chez elle le produit du vol et du meurtre !

186. — Mais la guêpe ne se contente pas de procéder par guet-apens, elle sait user de ruse. Vigoureuse, agile et hardie, volant plus tôt le matin et plus tard le soir que l'abeille, elle trouve souvent le moyen de s'introduire sans être remarquée dans une ruche mal gardée, qu'elle se met dès lors à fréquenter assidûment et qu'elle pille effrontément, avec les allures patelines d'un ami de la maison. Bientôt elle arrive accompagnée d'une autre, puis de plusieurs autres et la bande continuant le même manège devient insensiblement plus nombreuse. Dès que les envahisseurs se sentent en force, ils se décident tout à coup à livrer bataille et les pauvres abeilles surprises à l'improviste par un combat sans quartier, finissent toujours par succomber.

187. — L'apiculteur a donc, au moins autant que le propriétaire de vergers, le plus grand intérêt à faire une guerre sans trêve aux guêpes, surtout au printemps, alors qu'il n'existe que des mères-guêpes, et que la destruction d'une seule mère équivaut à celle de plusieurs douzaines de neutres en été. L'apiculteur et le propriétaire de vergers devraient s'entendre pour faire une chasse sans merci à cet audacieux déprédateur qui, à l'aube naissante, entame les fruits mûrissants et les entame en grand nombre, pour le plaisir d'y goûter et de choisir les plus mûrs. Il existe maintenant d'excellents pièges à guêpes, fonctionnant automatiquement, notamment des pièges-bouteilles percés de trous, que nous pouvons recommander spécialement pour nous en être servi avec le plus grand succès, mais ce que le prospectus à tort de ne pas dire, c'est que, pour ne pas prendre d'abeilles, ces pièges doivent être amorcés exclusivement avec de la bière. Celle-ci est d'ailleurs un des meilleurs appâts pour la guêpe.

188. — La fausse-teigne est un petit papillon craintif, à vol saccadé, de couleur gris argenté, dont la chenille est un ennemi terrible de l'abeille ou plutôt de ses rayons. C'est principalement au printemps, mais aussi en août-septembre, que ce parasite exerce ses ravages dans nos contrées. Le papillon se cache de jour sous le plancher de la ruche, sous les rebords du toit, dans les plis des couvertures, mais dès la tombée de la nuit et pendant toute la soirée il cherche à pénétrer dans la ruche pour pondre ses œufs le plus près des rayons. Souvent il arrive que le papillon, pourchassé par des abeilles vigilantes, ne réussit à pondre ses œufs qu'aux approches de l'entrée et dans ce cas de préférence dans les débris qu'il y rencontre. De l'œuf il sort une minuscule chenille blanchâtre, à peine visible, qui, aussitôt née, se met en quête d'un rayon, dans lequel elle se faufile vivement pour gagner la paroi médiane. Elle y chemine lentement, se nourrissant de cire et de ce qu'elle trouve à sa convenance dans le fond des cellules. Elle n'attaque ni les œufs, ni les larves de l'abeille, mais ruine totalement les cellules dont elle éventre le fond et qui sont désormais inutilisables pour les abeilles. Elle a cette étrange particularité de s'entourer dès son plus jeune âge d'une gaine protectrice dont elle ne sort guère que la tête et qui la rend à peu près invulnérable. Lorsqu'elle a atteint tout son développement, qui est rapide, elle file un cocon et se transforme en chrysalide, puis en insecte parfait, c'est-à-dire en papillon, lequel sort de la ruche pour la pariade… et le cycle recommence.

189. — La quantité d'œufs que le papillon peut pondre n'est pas très considérable, mais si le papillon n'est pas contrarié dans sa ponte, si les chenilles ne sont pas détruites, les pondeuses deviennent rapidement nombreuses et bientôt l'intérieur de la ruche ne présente plus qu'une masse informe et infecte de filaments, de cocons et d'excréments, où se trémoussent des centaines de larves du parasite et dans cet amas ce qui reste des rayons est comme noyé.

190. — Ce sont les populations faibles de race noire qui sont les premières victimes de la fausse-teigne, car il est incontestable que les abeilles noires ne savent guère se défendre contre la fausse-teigne. Les colonies faibles surtout ne paraissent pas comprendre la nécessité de combattre cet ennemi insidieux, qui les ruine ouvertement et montrent à son égard une indifférence déconcertante. Les abeilles italiennes, au contraire, si supérieures sous tant de rapports aux abeilles communes, font la chasse à ce parasite avec une vigueur et une persévérance remarquables, même lorsque les colonies ne sont point fortes, et réussissent si bien à le combattre et à l'exterminer, qu'il montre une grande tendance à disparaître partout où l'abeille italienne a remplacé en majeure partie la race noire.

191. — L'italianisation du rucher est en somme le seul remède pratique et efficace, connu jusqu'à ce jour, contre la multiplication de la fausse-teigne. On ne sait, en effet, ni comment la détruire, sans nuire aux abeilles, une fois qu'elle a réussi à s'établir dans une ruche, ni comment l'empêcher d'y entrer. On peut, il est vrai, rechercher le papillon pour l'écraser, le matin de bonne heure, alors que la fraîcheur l'engourdit et alourdit ses mouvements, mais il est difficile à atteindre. Il se tient généralement sous le rebord du toit quand il fait chaud ou se cache dans les plis des couvertures. Où il est possible de le combattre avec quelque succès c'est dans les locaux où l'on remise les rayons et le matériel, car si la fausse-teigne existe dans le rucher, ces locaux seront sûrement envahis par elle plus ou moins vite, et cette invasion se fera si discrète, dans les

coins, dans les rayons hors d'usage, les débris de cire, etc.,
que la plus grande vigilance est nécessaire pour en avoir
raison. Des nettoyages minutieux et périodiques et le sulfure
de carbone, employé avec discernement (voir § 150) sont
d'un grand secours dans ces circonstances.

MALADIES DE L'ABEILLE

192. — S'il faut s'en rapporter aux spécialistes qui se
sont occupés de ces maladies, leur nombre serait considérable. On a parlé périodiquement de la loque d'Europe, de
la loque d'Amérique, de l'épilepsie, de la diarrhée, de la
maladie de l'Ile de Wight et d'autres maladies encore. En
réalité, on n'est pas encore bien certain que toutes ces maladies soient indépendantes les unes des autres ou si certaines d'entre elles ne seraient pas des formes spéciales d'une
seule et même grande maladie. Exception doit être faite
toutefois, paraît-il, pour la maladie de l'Ile de Wight, qui,
d'après des recherches récentes, semble être due à un parasite particulier se logeant dans l'appareil respiratoire de
l'abeille.

193. — Il n'entre pas dans notre programme de nous
étendre longuement sur ce sujet, d'autant moins que le
remède spécifique, efficace et certain de toutes ces maladies
est encore à trouver. Nous nous contenterons donc de dire
que lorsqu'une colonie paraît malade, si sa mortalité est
notable et va en augmentant, il faut agir sans tarder et
avoir recours successivement aux mesures suivantes, en
observant attentivement leurs effets, lesquelles ont souvent
enrayé le mal et ont fréquemment réussi à en avoir défini-
tivement raison. De tout temps il y a eu parmi les abeilles,
comme parmi les hommes, des épidémies qui ont fait de
terribles ravages, mais elles n'ont jamais eu qu'une durée

limitée et ont toujours fini par disparaître plus ou moins complètement.

194. — Les mesures dont nous parlons plus haut sont par ordre d'efficacité les suivantes : nettoyage général des ruches et des couvertures ; couvrir chaudement ; rétrécir les entrées ; nourrir lentement ; installer un abreuvoir près du rucher, le tenir propre, renouveler l'eau souvent et y mettre 5 grammes de sel de cuisine par litre d'eau ; assurer une ventilation convenable et, pour écarter tout risque de pillage, recouvrir au besoin une partie de l'entrée d'une bande de toile métallique ; renforcer les colonies de façon à les avoir toutes fortes ; réunir les populations faibles à celles qui, tout en étant plus fortes, ont besoin de renforcement.

195. — Si les symptômes s'aggravent ; si les abeilles évacuent des larves mortes en quantités notables ; si les larves non operculées perdent leur nuance nacrée, deviennent flasques et prennent une teinte jaunâtre ; si les larves operculées n'éclosent pas ; si les opercules sont entamés et si les cellules qui portent ces opercules percés contiennent des larves mortes ; si les cadavres pourrissent dans les cellules et forment une masse poisseuse, sirupeuse et sentent mauvais, dans ces cas il faut des mesures plus radicales dont voici l'énumération : **1°** On sortira les rayons de la ruche, on les nettoiera autant qu'il sera possible de le faire et on les mettra dans une autre ruche bien nettoyée par un grattage et un lavage à l'eau chaude additionnée de 15 0/0 de carbonate de soude et bien séchée au soleil. **2°** On enfermera la mère dans une cage qu'on suspendra *pendant dix jours* dans une des ruelles centrales ; ceci pour l'empêcher de pondre, afin que les abeilles, dispensées des soins du couvain, aient le temps de nettoyer les cellules des cadavres et des larves mourantes. **3°** On fera un essaim de toutes les abeilles, y compris la mère, en les brossant devant un panier vide et on jettera l'essaim devant une ruche placée sur l'ancien emplacement et ne contenant que des cadres avec seu-

lement une étroite bande de fondation. Quarante-huit
heures après, lorsque les abeilles auront épuisé tout le miel
que contenait leur jabot à la construction des cellules, on
leur enlèvera tous ces rayons, l'un après l'autre, et on les
remplacera par des cadres avec fondation entière. S'il n'y a
pas de bonne miellée en cours on les nourrira. Et 4°, en
dernier ressort, on remplacera la mère par une mère ache-
tée, provenant d'un rucher indemne de toute maladie.

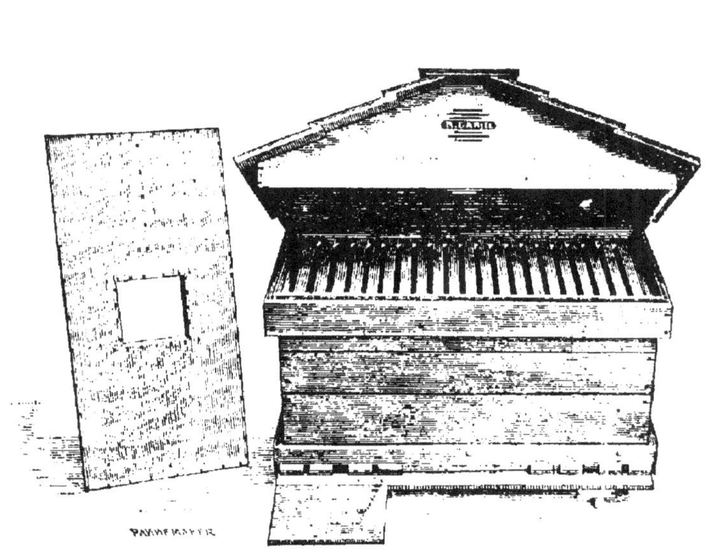

RUCHE LAYENS

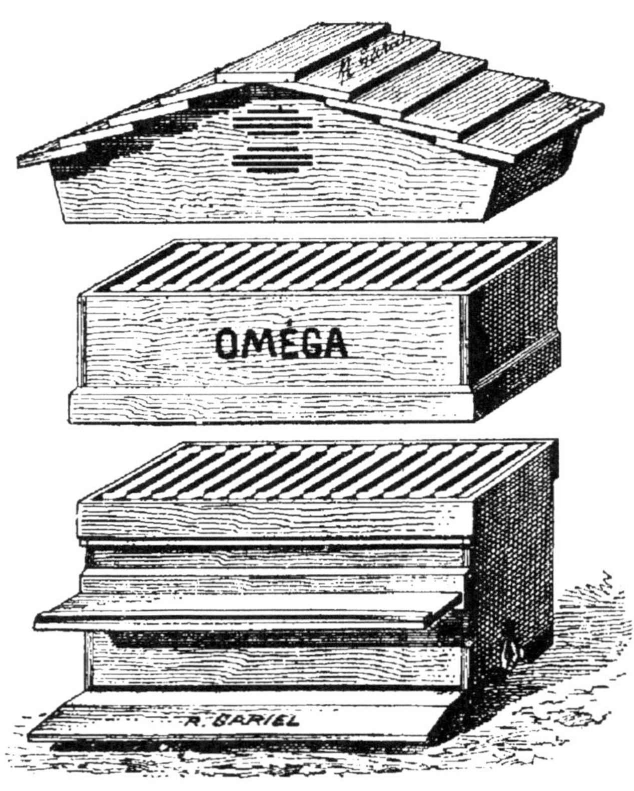

RUCHE OMÉGA

INDEX ALPHABÉTIQUE

RENVOYANT AUX ALINÉAS NUMÉROTÉS

OBJETS DIVERS, POUR L'APICULTURE

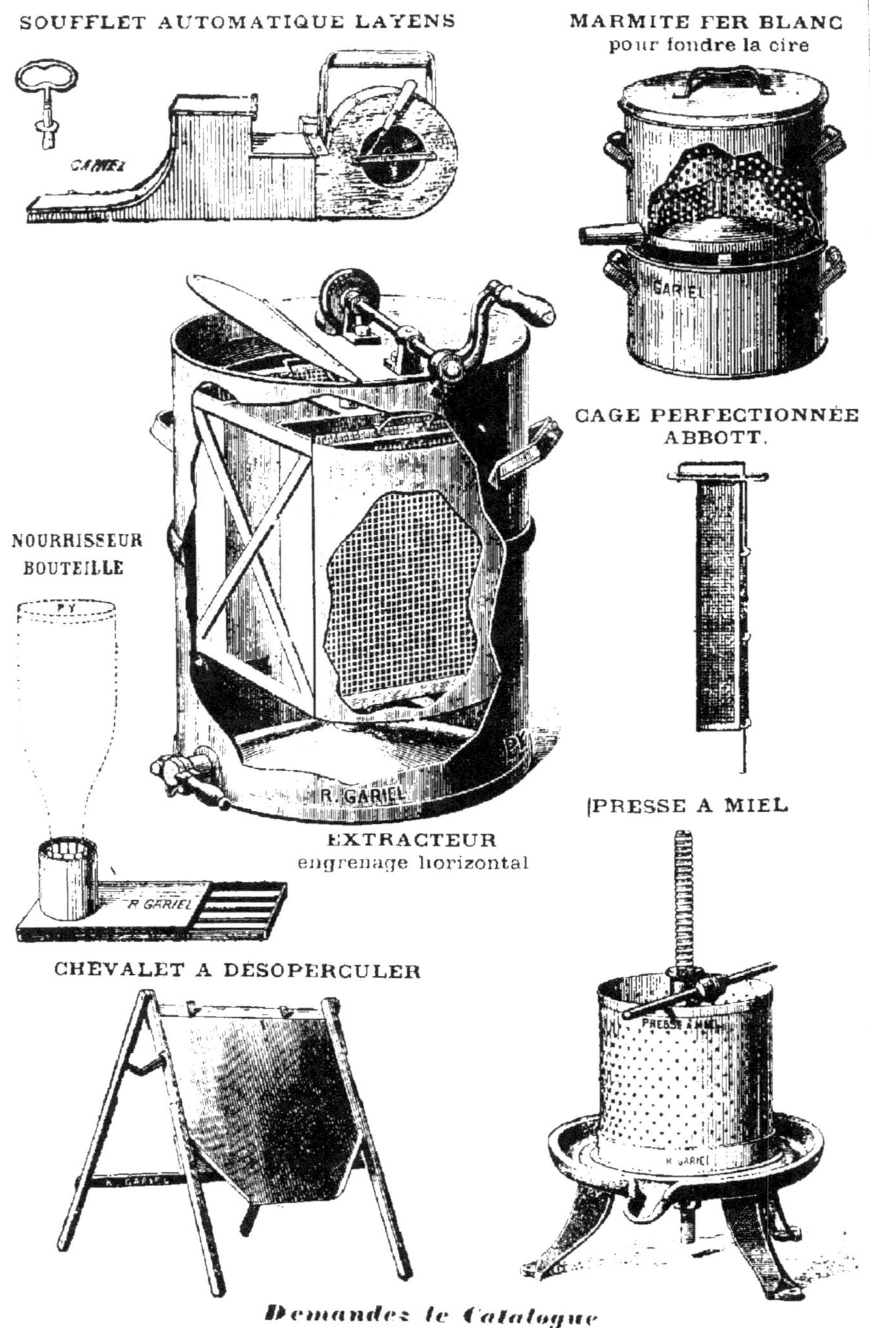

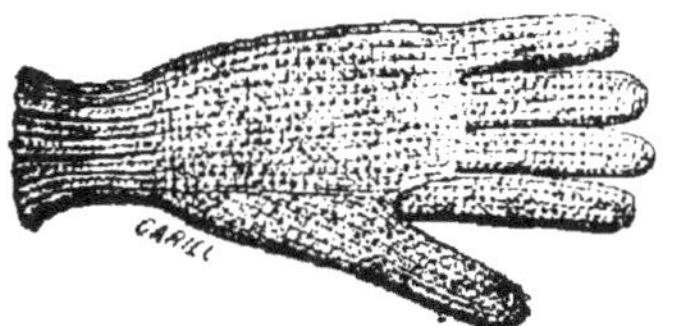

GANTS EN COTON
doubles

FIXE AGRAFES

VOILE TULLE à ressorts

CHAUDIÈRE
Bourgeois

NOURRISSEUR ANGLAIS

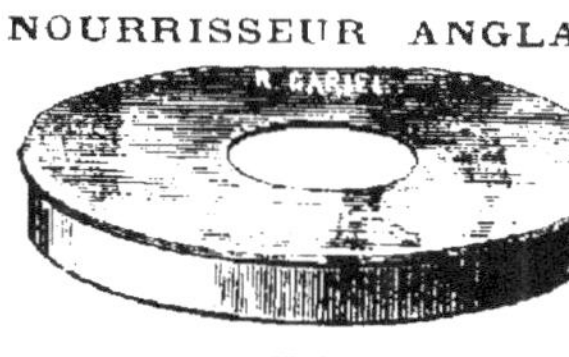

ENGRENAGE VERTICAL

FIL DE FER
étamé

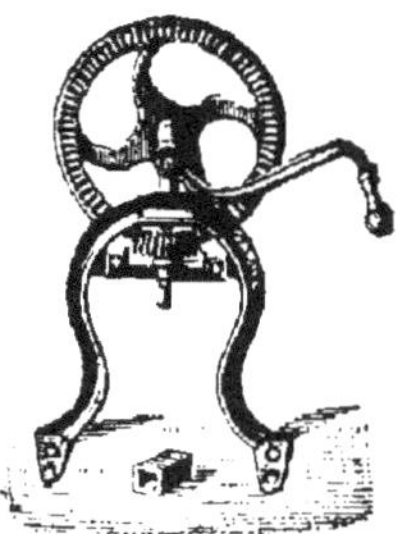

RACLOIR AMÉRICAIN

COUTEAU CECATOME

PORTE EN TOLE GALVANISÉE

ENGRENAGE HORIZONTAL

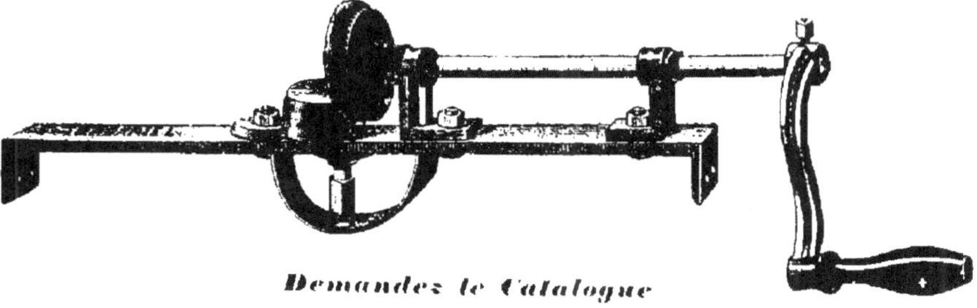

Demandez le Catalogue

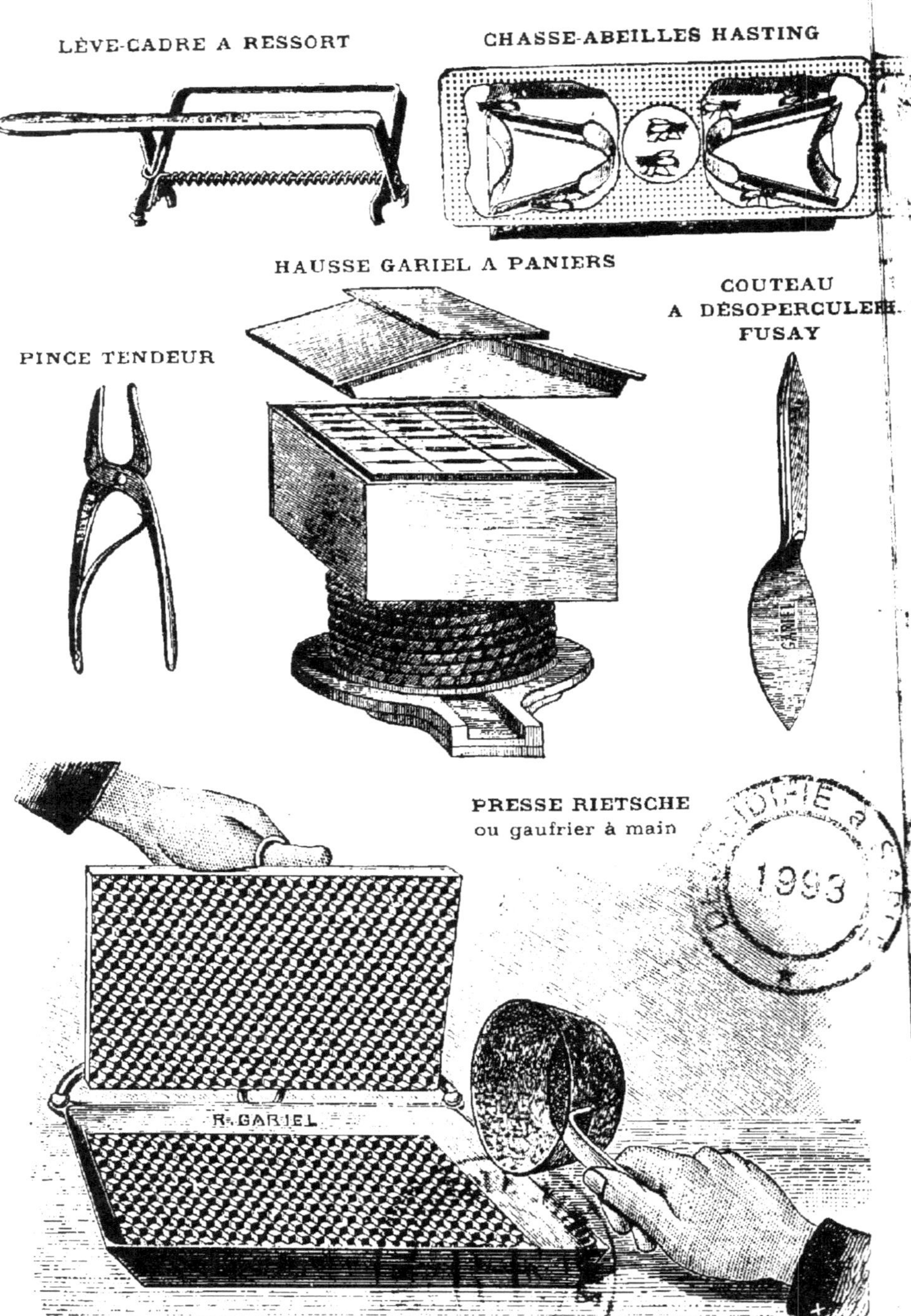

LÈVE-CADRE A RESSORT
CHASSE-ABEILLES HASTING
HAUSSE GARIEL A PANIERS
PINCE TENDEUR
COUTEAU
A DÉSOPERCULER
FUSAY
PRESSE RIETSCHE
ou gaufrier à main
R. GARIEL
Demandez le Catalogue